河南省淮河流域城市战略地下水源地建设研究

吕志涛　张天增　著

黄河水利出版社
·郑州·

内 容 提 要

本书论述了淮河流域河南段的地层结构、主要含水层的空间分布、富水性等水文地质条件,初步查明了地下水的水化学类型和水质现状,为河南省淮河流域 8 个主要城市优选了应急后备地下水源地靶区;采用解析法估算了各水源地不同开采情况下的可开采资源量,提出了合理开采方案建议,提高了河南省中原经济区水资源保障程度。

本书可供水文地质工作者阅读参考。

图书在版编目(CIP)数据

河南省淮河流域城市战略地下水地建设研究/吕志涛,
张天增著. —郑州:黄河水利出版社,2015.8
ISBN 978 - 7 - 5509 - 1202 - 1

Ⅰ.①河… Ⅱ.①吕…②张… Ⅲ.①淮河 - 流域 -
城市 - 地下水资源 - 水资源管理 - 研究 - 河南省 Ⅳ.
①P641.622

中国版本图书馆 CIP 数据核字(2015)第 205177 号

组稿编辑:简 群 电话:0371 - 66026749 E-mail:931945687@qq.com

出 版 社:黄河水利出版社
地址:河南省郑州市顺河路黄委会综合楼 14 层 邮政编码:450003
发行单位:黄河水利出版社
发行部电话:0371 - 66026940、66020550、66028024、66022620(传真)
E-mail:hhslcbs@ 126.com
承印单位:郑州红火蓝焰印刷有限公司
开本:787 mm×1 092 mm 1/16
印张:9.25
字数:213 千字 印数:1—1 000
版次:2015 年 8 月第 1 版 印次:2015 年 8 月第 1 次印刷

定价:36.00 元

前　言

水资源是人类的生命资源,是国家基础性的战略资源,地下水资源是其组成部分。地下水优点较多,特别是其安全性能较突出,是应对自然灾害和人为灾害突发事件的有效措施。

2003 年"非典"事件和 2008 年汶川大地震发生后,应对突发事件的应急能力建设已成为各级政府十分重视的问题。就城市供水而言,应急供水能力的建设是危机条件下保证供水安全的关键。近些年来,国内水污染事件及干旱极端气候频繁发生,给国民经济造成了巨大损失,给人民生活带来困难,给社会和谐带来一些不利因素。

2012 年 11 月,国务院正式批复"中原经济区规划",建设中原经济区拥有了纲领性文件。"中原经济区规划"的资源规划中强调"加强城市供水设施及应急备用水源建设"的重大任务。淮河流域河南段是"中原经济区规划"范围的主要核心部位。淮河流域河南段位于河南省东南部,属淮河流域上游,本书研究的主要城市为郑州市、开封市、商丘市、许昌市、平顶山市、漯河市、周口市、驻马店市 8 个地级城市。本书的目的是:通过对河南省淮河流域主要城市应急后备地下水源地调查与研究,提高河南省中原经济区在特枯年、连续干旱年及水污染事件突发时的危机应对能力,保障核心城市供水安全,为中原经济区健康快速发展提供必要的水资源保障;构建水资源保障体系,健全城市应急机制。

前人对淮河流域河南段水文地质工作已有研究,部分工作开展于 20 世纪 60~80 年代,距今时间较远,而随着人类经济活动的不断加剧,地下水被大规模开采,地表水、地下水污染严重,改变了原有的自然状态。目前存在的主要问题是:部分地区地下水水质及水量分布规律不明;一些近期开展的工作研究方向不同,主要偏重于环境地质、地热地质方面的调查研究;部分地区已有工作比例尺较小,研究精度不够。

本书论述了淮河流域河南段的地层结构、主要含水层的空间分布、富水性等水文地质条件,初步查明了地下水的水化学类型和水质现状,为河南省淮河流域 8 个主要城市优选了应急后备地下水源地靶区;采用解析法估算了各水源地不同开采情况下的可开采资源量,提出了合理开采方案建议,提高了河南省中原经济区水资源保障程度。

本书编写得到河南省地矿局副总工程师赵云章教授的悉心指导,课题项目组的同志们也给予大力支持,在此一并表示感谢!

相关水文地质工作者对该地区所做研究较多,成果也较显著。鉴于本人水平有限,文中谬误之处在所难免,敬请读者指正。

编　者

2015 年 5 月

目　录

第一章　绪　言

　　2012年11月,国务院正式批复"中原经济区规划",建设中原经济区拥有了纲领性文件。"中原经济区规划"的资源规划中强调"加强城市供水设施及应急备用水源建设"重大任务。淮河流域河南段是"中原经济区规划"范围的主要核心部位,其位于河南省东南部,属淮河流域上游,本书研究的主要城市为郑州市、开封市、商丘市、许昌市、平顶山市、漯河市、周口市、驻马店市8个地级城市。

　　本书目的是:通过对河南省淮河流域主要城市应急后备地下水水源地调查与研究,提高河南省中原经济区在特枯年、连续干旱年及水污染事件突发时的危机应对能力,保障核心城市供水安全,为中原经济区健康快速发展提供必要的水资源保障;构建水资源保障体系,健全城市应急机制。

　　前人对淮河流域河南段水文地质工作也有研究,部分工作开展于20世纪60~80年代,距今时间较远,而随着人类经济活动不断加剧,地下水被大规模开采,地表水、地下水污染严重,改变了原有的自然状态。目前,部分地区地下水水质及水量分布规律不明;一些近期开展的工作研究方向不同,主要偏重于环境地质、地热地质方面的调查研究;部分地区已有工作比例尺较小,研究精度不够。

　　20世纪60年代以来,有关部门开展了大量的水文地质、工程地质等工作。

一、农田供水水文地质研究工作

　　20世纪60年代展开,于80年代初结束,这些工作及成果为本书提供了水文地质基础资料。但由于该方面工作时间较早,受工作性质和研究程度所限,部分报告成果水资源计算较粗,水质评价简单,没有对地下水资源提出合理开采方案和保护措施等。

二、区域水文地质研究工作

　　20世纪60~90年代,工作区完成了14幅1∶20万区域水文地质普查工作,取得了大量的水文地质成果。其对第四纪地层沉积规律、含水层结构特征、分布规律、补给、径流、排泄条件、地下水化学类型、水质现状等进行了调查研究。另外,1959年、1979年完成了第一代、第二代《1∶50万河南省水文地质图》编图。但该方面工作周期长,参加单位多,技术力量及研究程度参差不齐,造成各报告取得的成果也不一样。

三、城市供水水文地质研究工作

　　20世纪70年代末至90年代初,有关部门相继开展了以城市(镇)及能源基地、工矿企业、电厂等行业供水为目的的供水水文地质勘察与水源地勘察工作。此类工作比例尺较大,成果为城市建设或工矿业发展提供了可靠的水资源保证,但一般工作范围较小,不能涵盖本次工作范围。

四、城市地下水超采区评价

21 世纪以来,为预防及解决因地下水开发所引发的一系列环境地质问题,工作区内相继开展了各地级城市地下水超采区评价研究工作,主要对测区地表以下 200 m 深度内的浅层地下水和深层地下水的超采区进行了评价。详细调查和论述了城市地下水开发利用现状,进行了环境地质灾害评价,计算评价了地下水可开采量,划分了浅层地下水超采区和地下水水质污染区。

五、城市浅层地热能调查评价

2010 年以来,为大力开发利用清洁绿色能源——浅层地热能,省水利厅安排了一批城市浅层地热能调查项目,如漯河、周口、驻马店等城市。通过此项工作,可基本查明各城市市区范围内地表以下 200 m 范围内的岩土体、地下水和地表水中所蕴藏的热能,评价浅层地热能资源量,进行地热能开发利用适宜区划分,为浅层地热能开发利用规划提供依据。

以上区域性成果系统研究了工作区水文地质条件和地下水资源,为本次水源地的优选确定奠定了基础;多个集中供水水源地的勘探和详查工作,查明和基本查明了各水源地的水文地质条件,实际求取了水文地质参数,为本次水源地的选择及资源评价提供了重要的参考依据。

本书论述了淮河流域河南段的地层结构、主要含水层的空间分布、富水性等水文地质条件,初步查明了地下水的水化学类型和水质现状,对在设计中提出的 8 个城市筛选了应急(后备)地下水源地靶区;采用解析法估算了各水源地不同开采情况下的可开采资源量,提出了合理开采方案建议。

第二章　地下水形成的自然条件

第一节　气象水文

一、气象

淮河流域河南段地处北亚热带与暖温带过渡地带,气候具有明显的过渡特征,二者地理分界线一般划在秦岭与淮河一线,即横穿区内的伏牛山脊至淮河沿岸,区内季风气候特征明显,温度适宜,光照充足,雨量充沛,四季分明。

根据 1969~2011 年降水资料分析:降水量多年平均从南至北为 636.33~1 023.85 mm,北部黄河沿岸的郑州、开封年平均只有 638.32 mm 和 636.33 mm,黄淮之间为 700.00~1 000.00 mm,南部大别山区的降水量在 1 100.00~1 200.00 mm(见图 2-1),具有明显的由南向北递减趋势。

图 2-1　河南省淮河流域多年平均降水量分布图

年度降水量变化较大,可达 3~5 倍;在季节分配上也不均匀,一般多集中在 6~9 月,占全年降水量的 50% 以上,而 11 月至翌年 3 月的 5 个月总降水量,仅占年降水量的 15% ~25%。湿度以 6~9 月最大,蒸发 5~6 月最强烈。由于降水的不均匀性和不稳定性,一年内经常出现旱、涝交替的现象。

二、水文

黄河在荥阳市北部进入流域北部向东流,至兰考县东坝头折向东北,随后在兰考县东北出流域北部边界,该河段长约 170 km。下游河道属于强烈堆积型河道,由于河水含泥沙量高,在下游河段淤积,致使河床高出背河地面 3~5 m,最大达 10 m 以上,形成黄河、淮河水系分水岭。

淮河干流发源于桐柏山的主峰太白顶,东流经长台关、息县、淮滨至固始三河尖附近进入安徽,流经河南省长 340 km,形成支流众多、河网密布的水系网,其中汇水面积大于 1 000 km^2 的支流达 36 条。南侧支流有浉河、竹竿河、潢河、史灌河、白露河等,一般河流较短,水量丰富,易成高洪峰急流;北侧支流有汝河、洪河、颍河等,呈西北东南向,河道弯多水浅,水流缓慢,每遇大水,易于积水成涝。

水系总特点是以淮河干流为轴线,北岸支流多且平行展布,流程长,纵比降小,汇水面积大;南岸支流少而短,河道纵比降大,汇水面积小,整个水系为不对称水系(见图 2-2)。

图 2-2　河南省淮河流域水系分布图

第二节　地形地貌

淮河流域河南段总的趋势是西高东低,淮河以南南高北低,西部、南部山地大部分海拔在 500~1 000 m,东部平原则多在 100 m 以下,最低处仅 22 m。

西部、南部为山地、丘陵,中、东部为平原,其平原是我国最大的华北平原的一部分。习惯上把淮河以北、颍河以南称淮北平原,黄河以南、颍河以北称为豫东平原。依形态将区内地貌划分为三个区(见图 2-3)。

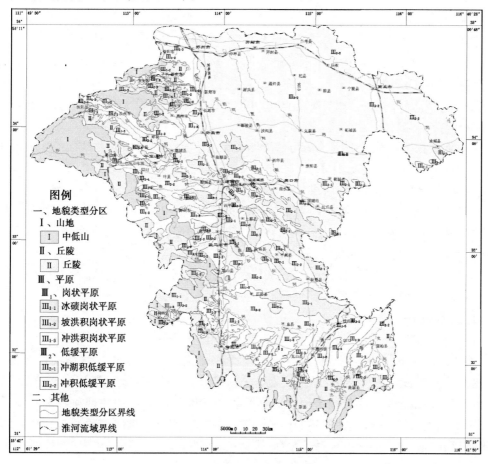

图 2-3　河南省淮河流域地貌图

一、山地

山地,分布在西部与南部,主要以低山为主,部分地区为中山,面积 7 741.37 km²,海拔一般 500~1 500 m,最高峰是鲁山县的石人山主峰,为 2 153.10 m。相对高度 200~600 m。在登封市北部、鲁山县西部及西南部、商城县东南部的中山区域,山坡陡峻,陡崖峭壁林立,河流横切山体,多呈峡谷;低山地区山势相对较低缓。组成岩性为变质岩、侵入岩及沉积岩。

二、丘陵

丘陵,分布于西部及南部,面积 13 758.63 km²,海拔一般在 200~500 m,相对高度一般小于 200 m。组成岩性一般为变质岩、侵入岩、沉积岩,而在荥阳西南部为黄土丘陵。

三、平原

平原分布在中、东部的广大地区,面积约 65 500 km²。按形态分为岗状平原和低缓平原。

(一)岗状平原

岗状平原按成因分为冰碛岗状平原、坡洪积岗状平原和冲洪积岗状平原。

(1)冰碛岗状平原:零星分布于禹州市北部、鲁山县西部、叶县西部、方城县东北部及桐柏县东北部,面积 121.7 km²。顶面形态较完整,起伏不平,冲沟纵横切割,切割深度 3~30 m。海拔 220 m 左右,相对高度 100~120 m。由下更新统冰碛物组成,顶面砾石遍野,大小混杂。

(2)坡洪积岗状平原:零星分布于新密市、禹州市、叶县、泌阳县等地区的山前地带,面积 1 047.67 km²。地形起伏不平,海拔 100~220 m。冲沟发育,切割深度 2~15 m,由下更新统、中更新统坡洪积物组成。

(3)冲洪积岗状平原:分布于西部、南部山前地带,面积 10 610.99 km²。地形起伏较大,淮河以南海拔 50~120 m,南高北低,向北偏东方向倾斜;淮河以北,海拔 80~150 m。冲沟发育,切割深度 10~20 m,由中更新统和上更新统冲洪积物组成。

岗状平原在低缓平原区亦有分布,如上蔡县的上蔡岗状平原、漯河市东部的召陵岗状平原、舞阳县的舞阳岗状平原。

(二)低缓平原

(1)冲湖积低缓平原:分布于低缓平原中南部,呈条带或斑状分布,面积 6 837.58 km²,海拔 28~100 m,地形平坦,由西向东微倾斜,坡降 0.8‰~2‰。水系发育,呈树枝状,由西北流向东南注入淮河。组成岩性为全新统及上更新统冲湖积沉积物。

(2)冲积低缓平原:分布于平原大部分地区,面积 46 881 km²。西部河谷平原汝州—禹州等地高程大于 100 m,中部 40~100 m,东南部 22~40 m。坡降一般为 0.15‰~5‰,地形平坦,向东、东南倾斜。水系较发育,呈树枝状,淮河以北呈西北东南向,淮河以南为西南北东向。组成岩性为上更新统和全新统冲积物。

第三节　地层岩性

河南省平原地区(淮河流域)跨越中朝准地台和秦岭褶皱系两个一级构造单元(以栾川—确山—固始深断裂为界),大部分地区属中朝准地台的华北坳陷区,东北部少量地区属中朝准地台的鲁西台隆区,南部少量地区属秦岭褶皱系的潢川坳陷区。第四纪地层是本次工作的目的层,具体分布见图 2-4,现由老至新分述如下。

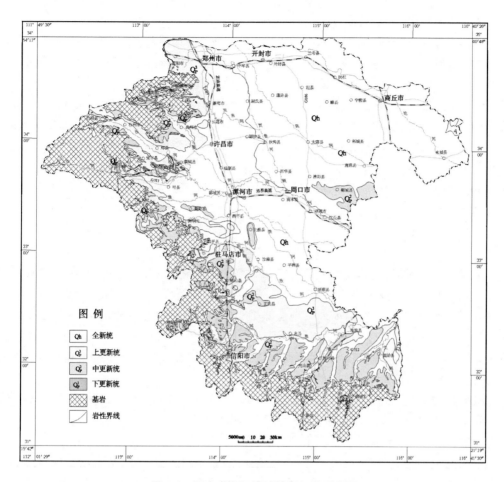

图 2-4　河南省淮河流域第四纪地质略图

一、下更新统

地表无出露,低缓平原区其底板深埋,在开封、商丘北部、鹿邑、新蔡等地埋深最大,大于 200 m,一般区域 80~200 m。

山前地带地层沉积厚度一般小于 20 m,低缓平原一般 60~140 m,厚度最大地段在开封、兰考东北、商丘东北部、鹿邑一带,沉积厚度大于 200 m。

山前地带为冰碛、冰水堆积、坡洪积物,呈鼓丘、侧碛垄。岩性多以灰绿色或杂色黏土包大小不一、排列无序的砾石组成,砾石具压裂、压坑、擦痕等冰川特征。平原则为冰水、冲积、冲湖积、湖积沉积物平原。根据物质来源,以新郑—扶沟—淮阳和西平—平舆北部为分界线,全区可分为三个沉降区。

北部沉降区:物质来源于嵩箕山区及东部山区。其岩性为棕红、灰绿、棕黄色粉质黏土夹砖红、锈黄色粉细砂及粗、中细砂。在太康—砀山隆起区砂层不发育,常具“混粒砂”、“混粒土”、“窝状砂”和“糠皮砂”。沉降中心地层厚度大,中下部黏性土细腻,断面光滑,砂层沉积厚度大,砂层分选较好。上部黏性土断面粗糙,砂层分选差。普遍含绿豆大状铁锰质结核层,钙质结核较多。

中部沉降区:物质来源于西部伏牛山、北部嵩箕山和南部桐柏—大别山区。颜色混杂,总体为棕红、灰绿、棕黄、灰等色。岩性为粉质黏土、粉细砂、中细砂、粗中砂、少量砂砾石等。黏性土结构致密,普遍含铁锰结核,混粒结构明显。

南部沉降区:物质来源于舞钢市—泌阳县的伏牛山东区、桐柏及大别山区,颜色有灰绿、浅灰绿、灰白等,岩性为粉质黏土、中细砂、粗中砂、砂砾石等,局部沉积有少量泥灰岩。

砂层厚度变化较大,在郑州—开封—商丘北部,太康—鹿邑、遂平—新蔡—淮滨等地厚度大于 30 m,长葛—扶沟、柘城—夏邑、确山、大别山前地带大部分无含水砂层分布或砂层小于 10 m。砂层分布规律在山前地带为漂砾、卵石、砂砾石,向中心部位过渡变为粉细砂、中细砂。

二、中更新统

出露于山前地带,出露面积 8 420.17 km^2。底板埋深在山前地带小于 20 m,低缓平原一般在 40 ~ 100 m,最大埋深分布在中牟—开封—兰考、新蔡等地,埋深大于 120 m。

沉积厚度分布不均,在山前地带地层厚度小于 20 m,向中部逐渐变厚,沉积厚度最大处大于 80 m,分布在开封一带;扶沟—西华—周口,新蔡一带沉积厚度大于 60 m。

黄河在中更新世时期贯通。因黄河流量大,物质影响广泛,所以全区大部分地区均有它的物质沉积。

根据物质来源可分三个沉积区,长葛—鄢陵—扶沟—淮阳一线以北为北部沉积区,漯河—商水一线以南为南部山区沉积区,中部为中部沉积区。

北部沉积区:物质来源于嵩箕山区、黄河及东部。在郑州—新郑以西山前地带,为冲洪积粉质黏土、粉土、砂砾石,可见 2 ~ 4 层古土壤层。低缓平原岩性为一套棕黄、棕红、褐黄杂有灰绿的粉质黏土、中细砂、粉细砂,砂层水平层理好,普遍含钙质结核和少量铁锰质结核,为冲洪积物。

中部沉积区:为黄河冲洪积物和伏牛山区物质交会地带。山前为洪积棕红色粉质黏土、含卵砾石粉质黏土或泥质卵石和漂砾,无分选性,发育有 2 ~ 4 层古土壤层。山间河谷平原为河谷冲积地层,沉积物多以砂卵砾石为主,夹有或上覆粉质黏土、粉土。低缓平原则颜色复杂,岩性为一套棕黄、棕红、灰绿、姜黄色粉质黏土、粉土、粉细砂、中细砂,含砾中细砂,普遍含铁锰质结核和钙质结核。

南部沉积区:物质来源于舞钢市—泌阳县的伏牛山区、南部桐柏山、大别山,山前为坡积、冲洪积泥质卵砾石、粉土、粉质黏土,部分地区可见有 1 ~ 2 层古土壤层。低缓平原岩性为棕黄、灰绿、姜黄色的粉质黏土、粉土、中细砂、粗中砂、砂砾石等,具较多的铁锰质结核、淋滤沉积层。砂层厚度变化较大,在山前地带小于 5 m,低缓平原一般 5 ~ 15 m,开封一带大于 20 m,小于 5 m 的则分布在睢县—柘城、鹿邑南部、漯河—周口—沈丘、平舆、淮滨一带,大部分地段无含水砂层沉积。

山前地带砂层为砂砾石、粗砂,低缓平原中心区域为细砂、粉细砂。

三、上更新统

出露于荥阳—新郑、郏县北、宝丰、遂平西部,驻马店东部,正阳南部—息县—淮滨北部,出露面积 11 034.64 km²。中北部则覆于全新世地层之下。

底板埋深在许昌—漯河以西、正阳以南小于 10 m,中北部 20~60 m,埋深最大处仍在开封一带,埋深大于 80 m。

该统沉积厚度在新郑—长葛—许昌—叶县—西平及南部淮河两岸小于 10 m,中部一般 20~40 m,沉积最厚地段仍在开封一带,大于 60 m。砂层厚度大于 15 m 的地段分布在北部中牟—开封—兰考、太康等地,其余地段一般 5~10 m,南部部分地段无含水砂层分布。

以长葛—许昌—沈丘和舞阳—西平—平舆北部一线为分界线,分为北部沉积区、中部沉积区及南部沉积区。

北部沉积区:物质来源于黄河及嵩箕山区。山前多为冲积、冲洪积地层,岩性为粉土、粉质黏土、砂卵石,一般分布在二级阶地之上,具"二元结构"。黄河在本时期继续发育,规模扩大,曾多次改道,致使平原形成大面积的黄河冲积地层。岩性为黄灰、黄褐色粉质黏土、粉土、粉细砂、中细砂、中粗砂。

中部沉积区:物质来源于西部伏牛山及黄河。山前地带属冲洪积物,岩性为粉质黏土、粉土、砂卵砾石。低缓平原岩性为黄灰、黄褐色粉质黏土、粉土、粉细砂、中细砂,周口一带,砂层变化大,南部砂层较少。

南部沉积区:物质来源于舞钢市—泌阳县的伏牛山区、桐柏山、大别山。形成一套灰黄、灰褐、灰黑色的粉质黏土、粉土,南部多以粉质黏土为主。淮河及各支流河谷地带,发育一套冲积地层,出露部位为二级阶地,具典型的二元结构,下部为中粗砂、中细砂,上部为灰黄色粉土、灰黑色粉质黏土。

四、全新统

分布于汝河以北广大地区及淮河主河道带两岸地区,面积 50 284.75 km²。在鄢陵—漯河—平舆—新蔡一线以西,地层厚度小于 5 m,中部地层厚度一般 5~15 m,大于 20 m 的地段分布在郑州—中牟—开封—睢县一带。砂层主要分布在郑州—开封—西华、商丘北部,柘城东北部—永城、周口一带一般 5~10 m,最厚的分布在郑州市北部—开封市北部一带,大于 15 m,其余地带小于 5 m,大部分地带无含水砂层分布。

根据物质来源可分四个沉积区,郑州—鄢陵—西华—郸城一线以北为北部沉积区,舞阳南部—西平北部—平舆北部一线以北与郑州—鄢陵—西华—郸城一线以南区域为中部物质沉积区,舞阳南部—西平北部—平舆北部一线以南为南部沉积区和淮河主干流沉积区。

北部沉积区:黄河多次决口改道,物质向东、南流,致使在开封一带沉积厚度大,沉积厚度大于 30 m,砂层厚度大于 15 m。岩性为黄褐、灰黄色的粉质黏土、粉土、粉细砂,另还含有 2~3 层淤泥层。

中部沉积区:该区域为黄河及西部物质混合沉积地带。岩性为黄褐、灰黄色的粉质黏土、粉土、粉细砂。受黄河物质的影响,在西华、周口—商水等地有砂层沉积,其余地段无砂层分布。在现代河床内沉积有粉细砂和中细砂。

南部沉积区:物质来源于舞钢市—泌阳县的伏牛山区,在主河道内沉积细中砂、中粗砂,个别河段沉积有砂砾石层,大面积为浅灰、灰褐、暗灰色的粉质黏土、粉土,以粉质黏土为主。沉积厚度薄。

淮河主干流沉积区:物质来源于桐柏山和大别山,主要是淮河主干道和南部支流沉积,范围较小。主要沿河道发育,所处位置在一级阶地、现代河床等地带。一级阶地具典型的二元结构,下部为中细砂,上部为浅灰黄色粉土。

第三章　区域水文地质条件

第一节　水文地质分区

一、含水层划分

为了正确进行水文地质分区,首先要对含水层进行划分。本次工作含水层研究深度为300 m。根据地层及同位素资料,浅层与中深层地下水分界线约为50 m,北部黄河沿岸稍深。50 m以浅为浅层含水层,50~300 m为中深层含水层。

二、水文地质单元划分

据中国地质调查局地质调查项目"淮河流域(河南段)环境地质调查报告",整个流域作为一个水文地质单元,为一个区。根据含水层岩性划分为基岩类亚区和松散岩类亚区。基岩类亚区再根据地理位置不同划分不同子区。松散岩类按含水层结构、地下水补给、径流及排泄条件等划分为2个子区,即北部水文地质子区与南部水文地质子区。其分布见图3-1。其划分的12个松散岩类亚区是本书所研究的主要区域。

第二节　松散岩类孔隙含水层特征

因本项目工作小区全位于河谷平原或东部平原区,地下水类型为松散岩类孔隙地下水,对基岩类不涉及,故本书仅对松散岩类水文地质亚区进行阐述。

一、北部水文地质子区

北部水文地质子区分布于舞钢市南部—上蔡县—平舆县北部一线以北、黄河以南广大地区。根据含水层空间结构分为浅层含水岩组和中深层含水岩组。

(一)浅层含水岩组

低缓平原一般以上更新统底板作为浅层含水岩组底板,岗状平原地层一般为中更新统,视具体情况而定,底板埋深一般不超过50 m,北部稍深。

含水岩组岩性主要为中粗砂、中细砂、细砂、粉砂、粉细砂、粉土及粉质黏土等,其物质来源于西部、北部、黄河及东部。

岗状平原降水入渗补给系数一般在0.07~0.12,荥阳市—上街区及山前部分地区为0.05~0.06,低缓平原0.15~0.25,新郑东部—中牟县南部大于0.30。

岗状平原渗透系数小于1 m/d,低缓平原1~30 m/d,郑州北部、郏县西南、叶县西部大于30 m/d。

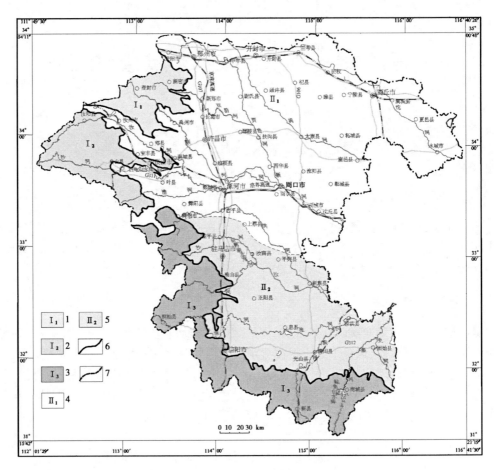

1—登封新密水文地质子区;2—汝阳鲁山水文地质子区;3—桐柏商城水文地质子区;4—北部水文地质子区;
5—南部水文地质子区;6—水文地质亚区分区界线;7—水文地质子区分区界线

图 3-1　河南省淮河流域水文地质分区图

　　地下水蒸发强度在荥阳市—上街区因地下水位埋深大,基本趋于 0,其余地区因埋深和包气带岩性不同有所差异。

　　郑州市北部的黄河沿岸,富水性较好,单井涌水量大于 3 000 m³/d,北部大部分地区为 1 000 ~ 3 000 m³/d,鄢陵县—周口西部、通许县西部—太康县东部、兰考县东部、永城市等地 500 ~ 1 000 m³/d,新郑市、商丘市东部等地 100 ~ 500 m³/d,西部岗状平原及虞城县东部等地小于 100 m³/d(见图 3-2)。

　　(二)中深层含水岩组

　　含水岩组岩性主要由下更新统冰水、冰水湖积、冲积,中更新统冲洪积及新近系冲洪积沉积物组成,含水砂层主要为砂砾石、中粗砂、中细砂、细砂、粉细砂等。含水砂层底板埋深在山前一般小于 100 m,沉积中心控制在 300 ~ 400 m。顶板埋深一般在 60 ~ 100 m,在开封市区、睢阳县、商丘市区—永城市北部及周口市区等地大于 120 m。

　　含水砂层厚度在开封县、太康县、漯河东部、新蔡县等地为 60 ~ 80 m,其他地区一般为 20 ~ 50 m。导水系数一般为 50 ~ 200 m²/d,开封县、商丘市、漯河市、新蔡县等地大于

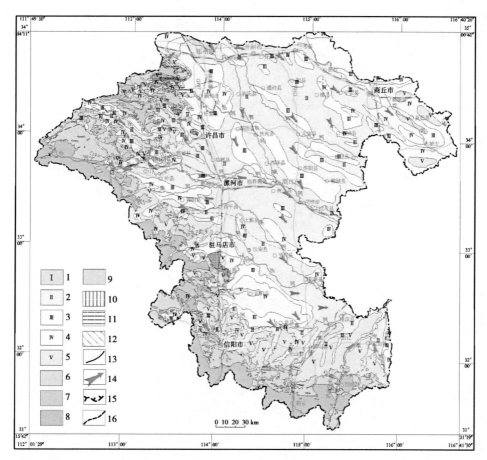

1—单井涌水量>3 000 m³/d;2—单井涌水量1 000~3 000 m³/d;3—单井涌水量500~1 000 m³/d;
4—单井涌水量100~500 m³/d;5—单井涌水量<100 m³/d;6—径流模数0.05~1.6 L(s·km²)(碎屑岩类裂隙水);
7—径流模数1.4~8.6 L(s·km²)(碳酸盐岩类岩溶裂隙水);8—径流模数0.1~2.58 L(s·km²)(侵入岩类裂隙水);
9—径流模数0.44~2.0 L(s·km²)(变质岩类裂隙水);10—覆盖型岩溶水单井涌水量1 000~3 000 m³/d;
11—覆盖型岩溶水单井涌水量500~1 000 m³/d;12—覆盖型岩溶水单井涌水量100~500 m³/d;
13—浅层地下水富水性分区界线;14—浅层地下水流向;15—工作区边界线;16—松散岩类子区分界线

图3-2　河南省淮河流域浅层地下水富水程度分区图

300 m²/d,局部大于500 m²/d。

开封市区、中牟县东部—通许县、临颍县南部—平舆县北部等地单井涌水量大于3 000 m³/d,郑州市—尉氏县—太康县—郸城县等地在1 000~3 000 m³/d,许昌市、民权县—宁陵县—永城市等地为500~1 000 m³/d,郏县—长葛县、睢县东部—柘城东部等地为100~500 m³/d(见图3-3)。

二、南部水文地质子区

分布于舞钢市南部—上蔡县—平舆县北部一线以南广大地区,仍可分为浅层含水岩组和中深层含水岩组。

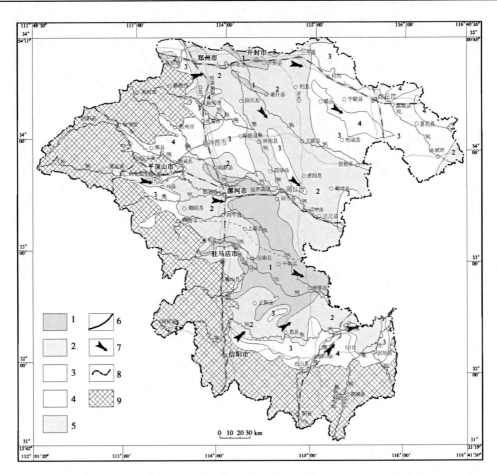

1—单井涌水量 >3 000 m³/d;2—单井涌水量 1 000 ~3 000 m³/d;3—单井涌水量 500 ~1 000 m³/d;
4—单井涌水量 100 ~500 m³/d;5—单井涌水量 <100 m³/d;6—中深层水富水性分区界线;
7—中深层水地下水流向;8—松散岩类子区分界线;9—无中深层地下水分布区

图 3-3　河南省淮河流域中深层地下水富水程度分区图

(一)浅层含水岩组

浅层含水岩组底板仍按北部水文地质子区的确定方法而定。

含水岩组岩性主要为中细砂、细砂、粉砂、粉细砂、粉土及粉质黏土等。其物质来源于西部和南部。遂平北部岗状平原降水入渗补给系数一般为 0.10 ~0.15,其余的岗状平原小于 0.10,低缓平原为 0.15 ~0.25。

岗状平原渗透系数小于 1.00 m/d,低缓平原为 1.00 ~30.00 m/d。

岗状平原因地下水位埋深大而蒸发量较小,低缓平原则蒸发量较大。

遂平县—汝南县—新蔡县单井涌水量 1 000 ~3 000 m³/d,鄢陵县—周口西部、通许县西部—太康县东部、兰考县东部、永城市等地为 500 ~1 000 m³/d,新郑市、商丘市东部等地为 100 ~500 m³/d,西部岗状平原及虞城县东部等地小于 100 m³/d。见图 3-2。

(二)中深层含水岩组

含水岩组岩性主要由下更新统冰水、冰水湖积、冲积、中更新统冲洪积及新近系冲洪积沉积物组成,含水砂层主要为砂砾石、中粗砂、中细砂、细砂、粉细砂等。含水砂层底板埋深在山前一般小于100 m,沉积中心控制在300~400 m。顶板埋深一般60~120 m。

遂平县—汝南县—平舆县—新蔡县单井涌水量大于3 000 m³/d,正阳县—息县—淮滨县为1 000~3 000 m³/d;罗山县—潢川县—固始县为500~1 000 m³/d,南部山前为100~500 m³/d。见图3-3。

第三节 松散岩类孔隙地下水流动特征

一、北部水文地质子区地下水流流动特征

(一)浅层地下水流动特征

本区主要接受降水入渗补给,其次为黄河水及河流等地表水侧渗、渠道侧渗、山区侧向径流、灌溉回渗。

岗状平原地下水位埋深一般大于6 m,部分地区大于10 m,低缓平原大部分区域为2~4 m,其次为小于2 m。地下水基本是由西北流向东南,南部、西部则由西向东流。水力坡度岗状平原1‰~10‰,低缓平原0.2‰~0.7‰。

地下水动态类型主要有气象—水文型、气象—径流开采型、气象—开采型。

(二)中深层地下水流动特征

本区主要接受侧向径流补给和浅层地下水越流补给。

地下水位埋深一般为15~25 m,局部地段20~30 m。商丘和郑州市区大于70 m。地下水基本是由西北流向东南,水力坡度0.2‰~0.5‰。

地下水排泄主要为人工开采,侧向径流排泄量较小。

地下水动态类型主要有气象—径流型、径流型、径流开采型、回灌—开采型。

二、南部水文地质子区地下水流流动特征

(一)浅层地下水流动特征

本区主要接受降水入渗补给,其次为灌溉回渗、山区侧向径流及渠道渗漏。

地下水位埋深大部分小于2 m,其次为2~4 m,上蔡县为4~6 m。地下水总体趋势是由西北流向东南或由西流向东。岗状平原水力坡度1‰~10‰,低缓平原0.2‰~0.8‰。

地下水排泄主要为蒸发、人工开采及径流排泄。

岗状平原地下水动态类型主要为气象—径流型,低缓平原为气象—径流蒸发型、气象—径流蒸发开采型。

(二)中深层地下水流动特征

本区主要接受侧向径流补给和浅层地下水越流补给。

地下水位埋深一般为15~20 m,山前20~25 m。淮河以北地下水基本是由西北流向东南,淮河以南基本由南流向北或东北。水力坡度0.2‰~1‰。

地下水排泄主要为人工开采,侧向径流排泄量较小。

地下水动态类型主要有气象—径流型、气象—径流开采型、气象—开采型。

第四节　松散岩类孔隙地下水水化学特征

一、浅层地下水水质特征

水质类型，郑州东部—禹州市—西平县—平舆县、信阳市—光山县—固始县为 HCO_3—Ca 型水，开封市—尉氏县东部、柘城县—永城市西部等地为 HCO_3—Ca·Mg 型水，开封县—兰考县南部、鄢陵县北部—扶沟县北部、西华县—郸城县、潢川县北部等地为 HCO_3—Ca·Mg·Na 型水，郑州市西部、新蔡县南部为 HCO_3—Ca·Na 型水，杞县—虞城县为 HCO_3—Na·Ca·Mg 型水，襄城县—通许县—正阳县南部为 HCO_3·Cl—Ca 型水，许昌市—淮阳县、宁陵县—商丘市、确山县—正阳县等地为 HCO_3·Cl—Ca·Mg 型水，睢县南部、沈丘县为 Cl·HCO_3—Ca·Mg·Na 型水，许昌市东南、民权县、永城市东部为 Cl·SO_4·HCO_3—Na·Mg 型水，西平县西部等地零星分布 HCO_3·NO_3—Ca 型水。

溶解性总固体含量，郑州市东南、信阳市—罗山县等地小于 300 mg/L（地下水质量Ⅰ类水），中牟县、长葛市东部、遂平县东部、淮滨县等地 300～500 mg/L（地下水质量Ⅱ类水），郑州市区—许昌市—漯河市区—新蔡县大面积 500～1 000 mg/L（地下水质量Ⅲ类水），长葛县—尉氏县、临颍县—扶沟县—西华县、杞县—商丘县、夏邑县、—永城市、项城市—鹿邑县、确山县等地为 1 000～2 000 mg/L（地下水Ⅳ类水）；鄢陵县南部、兰考县东部等地大于 2 000 mg/L（地下水Ⅴ类水）。

二、中深层地下水水质特征

水质类型，西部山前地带为 HCO_3—Ca·Mg 和 HCO_3—Ca 型水，郑州市—开封县—柘城县、沈丘县—平舆县为 HCO_3—Na 型水，睢县—永城市为 HCO_3·Cl—Na 型水，商丘市东部为 SO_4·HCO_3—Na 型水，正阳县—固始县为 HCO_3—Ca·Na 型水。

溶解性总固体含量，在固始县一带小于 300 mg/L（地下水质量Ⅰ类水），郑州市—新郑市—郏县、鲁山县—舞阳县、驻马店市—息县—潢川县等地为 300～500 mg/L（地下水质量Ⅱ类水），开封县、许昌市—漯河市—新蔡县为 500～1 000 mg/L（地下水质量Ⅲ类水），兰考县—杞县—柘城县、鄢陵县—西华县、淮阳县北部等地为 1 000～2 000 mg/L（地下水质量Ⅳ类水），鄢陵县南部和北部、睢县—虞城县大于 2 000 mg/L（地下水质量Ⅴ类水）。

第五节　区域地下水资源量概况

据《淮河流域（河南段）环境地质调查报告》，河南省淮河流域，浅层地下水天然（补给）资源总量为 1 052 933.8 万 m³/a，可采资源总量为 827 636.5 万 m³/a；中深层地下水可采资源量为 6 412.53 万 m³/a。研究区浅层地下水、中深层地下水可采资源总量为 834 049.03 万 m³/a。

第四章　郑州市万滩后备水源地论证

第一节　研究区水文地质条件

地质构造控制着本区的地形地貌条件,亦控制着第四纪的古地理环境及相应沉积物的空间展布规律。在区内北西及东西向两组正断层作用下,由西南往东北方向,第四系地层沉积厚度逐渐增大,特别是老鸦陈断裂东侧的黄河冲积平原区,长期处于快速沉降状态,堆积了巨厚的松散堆积物。这些松散层中夹有较多的各类砂层,构成本区主要含水层,赋存着丰富的地下水资源。所以,本区地下水类型均为松散岩类孔隙水。

依含水层的埋藏深度、成因类型、水力性质和开采条件,可将本区地下水含水层组划分为浅层含水层组、中深层含水层组、深层承压含水层组和超深层承压含水层组。浅层含水层组由于故黄河强烈的淤积和多次改道,致使砂层分布面积广,颗粒较粗,厚度比较大,结构松散,十分有利于地下水的分布和富集。黄河位于研究区北部边界,以其特有的"地上悬河"特征,成为区内浅层地下水的天然补给源,具有强大的资源保障。因此,选择浅层含水层组为本研究区目的层。下面,对其水文地质条件进行阐述。

一、浅层含水层组赋存特征及其富水性

浅层含水层组主要为全新统、上更新统及中更新统上段的各级砂层及砂砾石含水层,含水层岩性主要为细砂、中砂、中细砂及中粗砂,局部为粉细砂、砂砾石透镜体。从南西至北东方向,含水层空间展布、厚度及颗粒呈明显规律性变化:由南西至北东,埋深逐渐增加,由60 m过渡到100 m,东北局部可达120 m左右;砂层厚度由薄变厚,由15 m增至70 m,东北局部可达80 m;岩性亦由细变粗,由粉土、粉质黏土渐变为细砂、中细砂,局部中粗砂。其东西方向上分布比较稳定。

物探解译成果——研究区东北部浅层含水砂层厚度等值线图(图4-1)较好地印证了上述的砂层空间展布规律性。由图可以看出,自南往北,砂层厚度由薄逐渐变厚。在南部的龙王庙—大孟乡一线砂层厚度一般为50~60 m,至北部黄河沿岸、万滩一带达到80 m左右。

研究区浅层地下水富水性分区图见图4-2。由图可以看出,研究区北部黄河沿岸接受黄河侧渗补给和大气降水入渗补给,水资源十分丰富,单井涌水量3 000~5 000 m^3/d,为强富水区;其余大部分地区单井涌水量1 000~3 000 m^3/d,渗透系数10~35 m/d,为富水区;在西南部石佛—瓦岗寺—十八里河一带,由泥质粉砂及黏性土组成孔隙裂隙水和黏土裂隙孔隙水,单井涌水量100~500 m^3/d,为中等富水。此外,郑州市柳林乡、中牟县大孟乡等地亦有零星中等富水区分布。

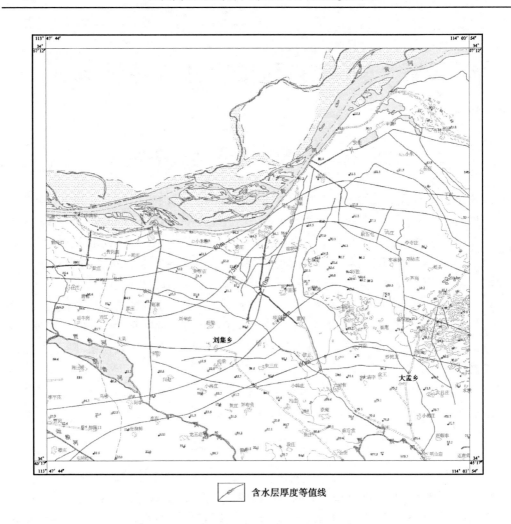

含水层厚度等值线

图 4-1　郑州研究区东北部浅层含水层组砂层厚度等值线图

二、浅层地下水的补给、径流、排泄条件

浅层地下水的补给、径流、排泄条件受地质地貌、包气带岩性、降水、水文、地下水位埋深、植被及人为因素等影响。

(一)浅层地下水的补给

区内地形平坦,大气降水是浅层地下水的主要补给来源,其次是河渠入渗和灌溉回渗补给等,此外,还有少量的侧向径流补给。

降水入渗补给:影响降水入渗补给量大小的因素很多,诸如:降水量的大小、强度,包气带岩性,地形条件,地下水位埋深,土壤含水量及植被覆盖程度等,对降水入渗补给量的大小,都不同程度地起着控制作用和影响作用。通常降水入渗补给量是随着降水量的增加而增大,随着地下水位埋深的增大而减小,饱气带岩性越粗,地形越平坦,地表径流越迟缓,植被覆盖程度越高则补给量越大,反之则越小。另外,包气带为单一砂性土时比有粉质黏土夹黏土层时得到的补给量大。若降水强度大,延续时间长,入渗量也会增大。

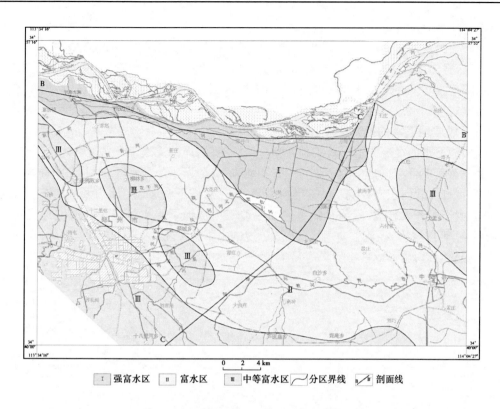

图 4-2　郑州研究区浅层地下水富水性分区图

图例：Ⅰ 强富水区　Ⅱ 富水区　Ⅲ 中等富水区　/ 分区界线　B-B' 剖面线

　　本区地形平坦,地面坡降一般在 1/3 000 ~ 1/5 000,地表径流迟缓,地下水埋深较浅,且包气带岩性为粉土或粉砂,结构松散,极有利于大气降水渗入补给。

　　灌溉水回渗补给:区内农田水利化程度较高,引黄灌渠覆盖范围之外,机民井密度较大,除此之外,北部沿黄区尚有部分鱼塘分布,都使浅层地下水得到补给。

　　根据前人取得成果分析,灌溉回渗系数的大小与灌区植被、土质、水位埋深、灌水定额等关系密切,尤其受土质及水位埋深影响较大,总体来说有以下规律:

　　(1)在包气带岩性、水位埋深、灌水定额相同时,植被越密,回渗系数越小,空白地回渗系数越大。

　　(2)在水位埋深及灌水定额相同时,岩性颗粒越粗,回渗系数越大。

　　(3)同一地段,灌溉回渗系数随灌水定额增加而增大。

　　(4)在岩性、灌水定额等相同时,埋深越大,回渗系数越小。

　　(5)埋深小于 4m 时,在同一地段地表水灌溉回渗系数略大于井灌回渗系数。

　　(6)同一地段,灌溉回渗系数一般小于降水入渗系数。

　　河渠侧渗补给:黄河是区内最大的河流,横贯本区北部。由于黄河为高悬于平原的地上河,河水位高出堤外平原区地下水位 3 ~ 5 m,河床砂层与岸边浅层含水层相连,水力联系密切,所以黄河水源源不断补给两岸地下水。据研究,黄河最大影响宽度达 20 km 之多,天然条件下侧渗补给的单宽流量为 38(枯水年) ~ 73(丰水年) m^3/(km·d·m)。其他河流如贾鲁河等水量较小,且多为地下河,只有在丰水期或水库、拦水闸等地段,对浅层地下水有一定的补给量。

　　侧向径流补给:研究区大部分地区地势低平,径流迟缓,径流量很小;在西南部近山前地区,可获得山前地下水的侧向径流补给;市区一带,受人工开采影响,形成大面积的浅层地下水降落漏斗。降落漏斗及其周边,水力坡度较大,径流速度较大,径流补给为其主要的补给方式。

(二)浅层地下水的径流条件

　　浅层地下水的径流受地形地貌条件和补给源控制,局部受人工开采影响。

　　由于黄河现行河道是下游平原的中脊和地表水、地下水的分水岭,所以北部近黄河地带,地下水自西北向东南径流。研究区西南部,天然状态下浅层地下水由西南向东北方向径流,但由于受开采影响,目前径流方向发生改变。从地下水水位埋深及水位等值线图(图4-3)上可以看出,径流方向由降落漏斗周边向(郑州城区)漏斗区流动。此外,在郑州北郊水源地附近,也形成一小型降落漏斗,径流方向由周边向漏斗中心流动。

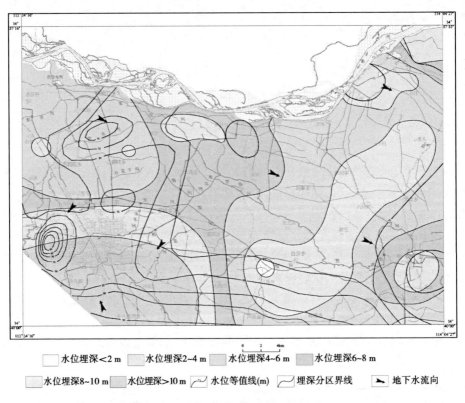

　　图例:水位埋深<2 m　水位埋深2~4 m　水位埋深4~6 m　水位埋深6~8 m　水位埋深8~10 m　水位埋深>10 m　水位等值线(m)　埋深分区界线　地下水流向

图4-3　郑州研究区地下水埋深及水位等值线图(2013年1月)

(三)浅层地下水的排泄条件

　　浅层地下水的排泄形式主要有人工开采、蒸发排泄,向中深层越流和径流排泄。

　　浅层地下水埋藏浅、易开采,沿黄地带又多为淡水区,所以在城镇和井灌区,地下水开采是其主要排泄形式。引黄灌区、黄河滩地、背河洼地等地下水开采量小的地区,水位埋深小,一般<4 m,则地下水的排泄形式以蒸发为主。

　　由于研究区地形平坦,天然条件下水力坡度很小,径流滞缓,径流排泄量很小;市区开采漏斗及其周边,水力梯度较大,径流排泄量大大增加。此外,本区中深层地下水水位普遍低于浅层地下水水位,因此在隔水层较薄的地带及浅层与中深层地下水混合开采地带,有微量越流排泄存在。

三、浅层地下水水位动态

浅层地下水水位动态主要受开采、气象、水文因素影响,其水位动态类型如下。

(一)开采型

主要分布在郑州城区、中牟县城及北郊水源地局部地段等地下水位降落漏斗范围内,浅层地下水水位变化主要受开采量大小的控制。这些地区多为城建区或集中开采水源地,因地面硬化及水位埋深较大,大气降雨入渗量减少,补给源不足,地下水资源满足不了该区工农业用水需要,长期处于超量开采状态。其动态特征表现为夏季开采量增大,水位埋深增加、呈下降趋势变化;冬、春季开采量变小,水位动态呈缓慢上升趋势,但从长期来看,总趋势是下降的。

(二)开采—气象型

主要分布在乡镇、井灌区及北部鱼塘区,在这些地区,机民井密度较大,用水量较大,但其年开采量与补给量大致均衡,多年水位动态基本稳定,地下水水位年变幅一般为1~2 m。在冬春季年初受开采的影响,地下水水位一般持续下降,在汛前5月前后降到最低;7~9月随着雨季到来,降水量变大,降水入渗补给相应增大,水位埋深变浅;9月埋深最浅,之后开采量变大,水位又开始下降,到4月前后,埋深为最大。

(三)气象型

分布面积较小,主要分布在东北部郊区地带,地下水开采量甚微,水位动态变化主要受降水量大小的控制,降水量大,地下水水位埋深变浅,降水量小,则埋深增加。由于地下水的补给有个过程,所以降水量与水位埋深之间有一滞后现象。

四、浅层地下水水化学类型及水质特征

根据《郑州市 2011 年度地下水动态监测报告》所附的水质资料及本次水质分析成果,依照舒卡列夫分类法,全区浅层水的水化学类型主要有以下几种,即 HCO_3—Ca·Mg、HCO_3·SO_4—Ca·Mg、HCO_3·Cl— Ca·Mg、HCO_3—Ca、HCO_3—Ca·Na、HCO_3—Ca·Na·Mg(Ca·Na·Mg、Mg·Na·Ca)型等。

全区浅层地下水化学类型以 HCO_3 型为主,HCO_3—Ca(Ca·Mg)主要分布于圃田—白沙—中牟—一线以南地区,在研究区北部黄河沿岸,受黄河侧渗影响,Na 离子增多,主要以 HCO_3—Mg·Ca·Na(Ca·Na·Mg、Mg·Na·Ca)型为主;HCO_3·SO_4—Ca·Mg、HCO_3·Cl—Ca·Mg 等复杂类型则主要呈片状或点状,零星分布在郑州市市区及其近郊附近,表明因受"三废"污染而造成水化学类型较复杂。

区内浅层地下水水质超过生活饮用水卫生标准的因子有总硬度、溶解性总固体、铁、锰、硫酸盐、氯化物、硝酸盐、亚硝酸盐,除以上 8 项因子超标外,其余各项因子均符合国家饮用水标准,未超标。总体上,研究区浅层地下水水质市区较差、郊区较好。郑州城区和中牟县城,超标因子 4~6 项,包含有氯化物、硝酸盐、亚硝酸盐等毒理性因子,不宜饮用。

郊区多为 HCO_3 型水,超标因子 1~3 项,为总硬度、溶解性总固体、铁、锰等一般化学性指标,适当处理后适宜饮用。

第二节　水资源开发利用状况及其诱发的环境地质问题

一、水资源开发利用状况

(一)集中供水状况

郑州市是地表水和地下水联合供水的城市,地表水主要以黄河及贾鲁河水为供水水源。引黄水源地有邙山提灌站、花园口提灌站;地下水源地有市区井水厂、北郊水源地和"九五滩"水源地;人工水库蓄水有尖岗水库、常庄水库和西流湖(见图 4-4)。

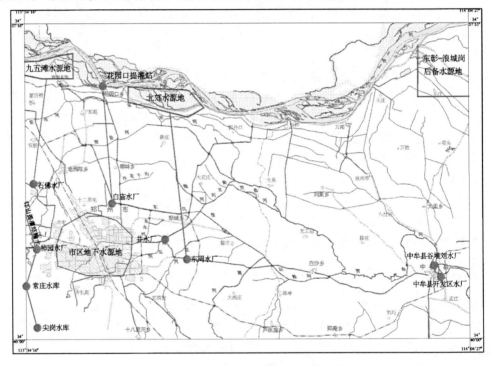

图 4-4　郑州市集中供水工程分布图

据统计,2011 年郑州市区城市供水总量约 5 011.01 万 m^3/a,其中地表水供水总量约为 2 947.65 万 m^3/a,井采地下水总量 2 063.36 万 m^3/a,地表供水与地下供水各占 59% 和 41%;地下水以井的方式开采浅层、中深层、深层、超深地下水。其中浅层地下水 211.676 2 万 m^3/a,中深层地下水 1 041.934 6 万 m^3/a,深层地下水 676.983 5 万 m^3/a,超深层地下水 132.766 万 m^3/a,四层地下水分别占地下水总供水量的 10.25%、50.49%、32.8% 和 6.43%。

区内地下水源地主要有郑州市九五滩水源地、北郊水源地及市区井水厂 3 处(见表 4-1),地下水开采总量约 23.57 万 m^3/d。

表 4-1　郑州市区地下水源地统计一览表

水源地名称	地下水类型	规模	供水井个数	井深(m)	井间距(m)	井径(mm)	允许开采量(万 m³/d)	实际开采量(万 m³/d)
九五滩水源地	潜水	大型	49	80～110	450	325	10	6.22
北郊水源地	潜水、承压水	特大型	72	80～350	450	325	20	7.35
市区井水厂	承压水	大型		100～200		200～325		10

(二)分散性开采

分散性开采一般分布在郊区及农村。具体用水类型可分为农田灌溉用水、农村生活用水及鱼塘用水三类。

区内农田灌溉程度较高,以渠灌为主,部分地区以井灌为主。据统计,研究区内引黄输水干渠长度 111.85 km,灌溉面积 67.24 万亩,年平均引水量 26 896 万 m³;利用地下水灌溉耕地 15.66 万亩,年开采地下水 3 915 万 m³,农灌井深度一般 36～60 m。

区内村镇居民和牲畜、乡镇企业用水,主要开采 18～250 m 以浅的浅层地下水及中深层地下水。

黄河大堤以南鱼塘大面积分布,鱼塘抽取地下水量为 21 089.70 万 m³/a。

二、环境地质问题

长期以来,由于不合理的开发利用,因地下水超采而诱发的环境地质问题随之凸显。自 2002 年实施封停自备井措施之后,恶化趋势虽然得到了有效遏制,但仍然存在。环境地质问题主要表现在以下两个方面。

(一)地下水水位降落漏斗

依据《郑州市 2011 年地下水动态监测报告》,分布在郑州市中心城区,以京广铁路为界,有西部和东部两个降落漏斗,见图 4-5。铁路以西降落漏斗分布:由纪公庙—师家河—大榭—大里—石佛镇—小杜庄—菜王—73 中学—李江沟—常庄—三王庄—赵村—水牛张—纪公庙围成的半闭合区域,漏斗中心位于沟赵西开发区九头崖水厂和建设路省建五公司,水位高程分别为 69.26 m(埋深 44.74 m)和 53.9 m(53.7 m)。漏斗面积 104.8 km²,占测区面积的 10.56%。东部降落漏斗分布:由东市界—八堡—京水—惠济区镇府—苏屯—琉璃寺—沙门—森林公园—郑东新区—五里堡—七里河—小店—大孙庄—市界连线所圈定的范围,降落漏斗中心位于黄河迎宾馆和森林公园,水位高程分别为 67.84 m(埋深 21.96 m)和 70.21 m(埋深 17.03 m),降落漏斗面积 245.49 km²。

(二)地下水水质污染

由于受到工业、生活废弃物和污水灌溉的影响,浅层水一定面积的水质已受到污染。根据区内近年来的水质测试资料,区内浅层地下水超过饮用水标准的因子主要为总硬度、溶解性总固体、氯化物、硫酸盐、铁、锰、硝酸盐、亚硝酸盐等 8 项。水质污染区面积约 125.7 km²,主要分布在京广铁路以西城区、城市西北部的五龙口、石佛、沟赵、老鸦陈一带,东部燕庄、祭城、姚桥一带零星分布。污染区浅层地下水水化学类型较复杂,主要为

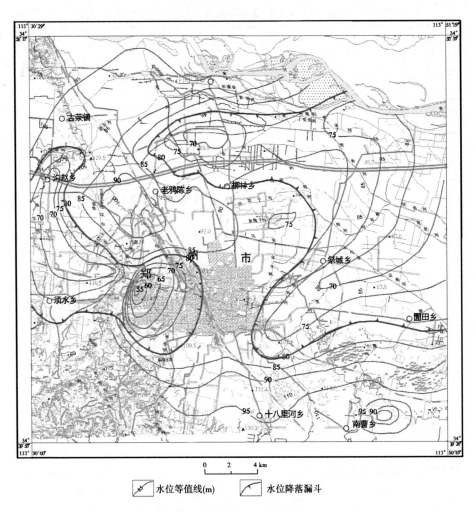

水位等值线(m)　　　水位降落漏斗

图 4-5　郑州市中心城区浅层地下水水位下降漏斗分布图

$HCO_3 \cdot SO_4$—$Ca \cdot Mg \cdot HCO_3 \cdot Cl$—$Ca \cdot Mg$ 型。

第三节　万滩后备地下水源地的优选确定

一、后备水源地的确定

根据郑州研究区水文地质条件及地下水资源开发利用状况,结合郑州市城市发展规划及供水规划,对郑州市后备地下水源地进行了优选确定。

研究区北部黄河沿岸,位于巨大的黄河冲积扇上,堆积了巨厚的粗粒相堆积物,为地下水的赋存提供了良好的空间。浅层含水砂层具有厚度大、颗粒粗、结构松散、透水性好的特征,优于研究区其他地段的含水层,单井涌水量 >3 000 m^3/d,为强富水地段。

黄河在该河段以地上悬河为主,河水位高出堤外浅层地下水水位 5 ~ 7 m,河水通过河床源源不断地补给岸边地下水,既能解决河水高含泥沙不易处理问题,同时通过含水层自净作用又能一定程度上解决河水污染问题。据《河南省沿黄城市后备地下水源地普查》,黄河下游河南段河流侧渗量多年平均约 2.5 亿 m^3,具有丰富的补给资源保障。

沿岸浅层地下水化学类型,受黄河侧渗影响,主要以 HCO_3—$Mg \cdot Ca \cdot Na$、HCO_3—$Na \cdot Ca$ 型为主,其中有铁、锰 2 项因子超生活饮用水卫生标准,其余项目均符合饮用水标准。超标因子为感官性状指标,处理后适宜饮用。

目前,研究区内已有地下供水水源地分布于郑州市区及北部黄河沿岸。其中市区水源地因超采已诱发了地下水水位下降、水质污染等一系列环境地质问题;而北部黄河沿岸,由西向东,已建成运行的有郑州九五滩水源地及北郊水源地。二者均属傍河取水水源地,开采浅层地下水,目前二水源地运行正常,无次生环境地质问题产生,说明傍河水源地发展前景广阔。

依据《郑州市城市总体发展规划(2008—2020)》,郑州中心城区的发展规划为东西两轴向发展,东部郑汴—中牟组团将是未来一定时期的发展重点;水资源供需矛盾将进一步加剧,面对"水困"怎么办?据《郑州市城市供水系统规划》,下一步将在郑东新区建设龙湖水厂一期工程、龙湖水厂二期工程。因此,将新后备水源地选择在研究区的东部,迎合了城市发展规划及供水规划。

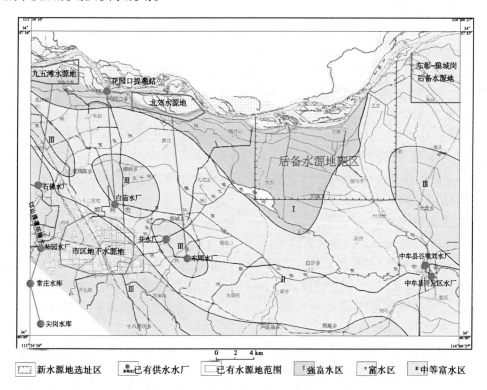

图 4-6　郑州万滩后备水源地选址区示意图

综上所述,将新后备地下水源地确定在研究区东北部黄河沿岸万滩一带(见图4-6),顺承郑州九五滩水源地及北郊水源地,属傍河取水型水源地。水源地东西长约 18 km,南北宽约 12 km,面积 122.40 km^2。

二、万滩后备水源地水文地质概况

万滩后备水源地浅层含水层（组）由中更新统上段、上更新统和全新统砂层组成，岩性以中粗砂、细砂和中砂为主，多为4层，局部1~2层，单层厚度8~30 m，总厚度60~80 m，含水层底板埋深70~120 m，在此之上基本无稳定隔水层。水源地大部分地段为强富水区，单井涌水量3 000~5 000 m³/d，导水系数大于1 200 m²/d；东部为富水区，单井出水量1 000~3 000 m³/d，导水系数900~1 200 m²/d。富水性程度总体上西强东弱。

万滩后备水源地紧邻黄河，地形平坦，浅层地下水以大气降水入渗补给和黄河侧渗补给为主，往南远离黄河平原区尚有鱼塘、渠系及农田灌溉入渗补给；地下水径流方向受"地上悬河"影响，由西北黄河上游向东南方向黄泛平原径流；测区浅层地下水水位较浅，大部分地区在2~6 m，蒸发强烈，排泄以蒸发为主，农渔业开采次之。

第四节　地下水可开采资源量概算及评价

一、资源评价原则与方法

（一）计算评价原则

（1）水源地紧邻黄河南岸，位于黄河影响带范围内，接受"地上悬河"——黄河的侧向径流补给，补径排关系清楚，为傍河型水源地类型。

（2）依据水源地的水文地质条件，该水源地地下水允许开采量是指：通过经济合理的取水方案，在整个开采期内出水量不会减少，水质不发生恶化趋势，不发生危害性的环境地质现象的前提下，最大限度地夺取黄河水补给量。

（3）拟采用解析法水位预报法，对本次地下水可开采资源量进行计算及评价。

（二）边界条件的概化及计算公式的选择

1. 边界条件的概化

万滩后备水源地北边界黄河流量大，水面宽，与地下水水力联系密切，可作为定水头补给边界处理。参考《郑州市北郊九五滩地供水水文地质勘察及傍河取水试验报告》及《郑州市北郊水源地供水水文地质勘察》，将黄河补给边界向河床内推移1 000 m，认为那里的地下水水位同河水位，不受开采影响。含水层向东、西、南三个方向无限延伸，均视为无限含水层边界。

水源地地处黄河冲积平原，浅层含水层分布广泛，含水层岩性为中粗砂、细砂、中砂，含水层3~4层，局部1~2层，砂层累计厚度60~70 m。含水层底板隔水层主要为中更新统上部黏土层，分布稳定，平均厚度20~40 m，浅层与中深层地下水水力联系微弱，基本不存在越流补排关系。

综上所述，将本区概化为具有定水头补给边界的均质、各向同性的半无限含水层。

2. 计算公式的选择

根据边界条件，选用潜水完整井井群干扰非稳定流公式：

$$H^2 - h^2 = \frac{1}{2\pi k}\sum_{i=1}^{n} Q_i\left[W(u_i) - W(u_i')\right] \tag{4-1}$$

式中　H——某点处的含水层厚度，m；

　　　　Q_i——第 i 个井的出水量，m^3/d；

　　　　K_i——第 i 点处的渗透系数，m/d；

　　　　$w(u_i)$——井函数，$W(u_i) = \int_u^\infty \dfrac{e^{-y}}{y}\mathrm{d}y$；

　　　　u_i——井函数自变量，$u_i = \dfrac{r_i^2\mu_i}{4T_i t}$；

　　　　r_i——计算点到第 i 个井的距离，m；

　　　　T_i——第 i 个井处的导水系数，m^2/d；

　　　　μ_i——第 i 个井处的给水度；

　　　　t——抽水延续时间，d。

在开采井结构相同，涌水量也相等，当抽水时间延续很长，$u_i \leqslant 0.01$ 时，上式可简化为

$$H^2 - h^2 = \frac{Q}{\pi k}\ln\frac{r_2}{r_1} \tag{4-2}$$

$$h = \sqrt{H^2 - \frac{1}{\pi K}\sum Q\ln\frac{r_2}{r_1}}$$

$$S = H - h$$

式中　r_1——计算点到实井的距离，m；

　　　　r_2——计算点到虚井的距离，m；

　　　　S——某点处的降深值，m。

二、计算参数的选择及确定

本区相关参数的选取，渗透系数 $K = 22.9$ m/d，导水系数 $T = 1\,200$ m^2/d。重力给水度粉细砂 $\mu = 0.055$，粉土 $\mu = 0.050$。

三、布井方案的确定

从供水角度上讲，为更多地夺取黄河水对浅层地下水的补给量，应尽可能地靠近黄河单排布井，但同时又要考虑在黄河大堤处产生尽量小的降深，还有水井施工、汛期抽水设备维修等因素。

综合以上因素，在参考郑州九五滩、北郊水源地等相关傍河水源地布井经验基础上，对多种井采方案进行计算、比较、优选后，拟定开采方案为：沿河岸杨桥至辛寨一带，距黄河 500 m 双排布井，井排距 1\,000 m。北侧井排井间距 500 m，布井 36 眼；南侧井排井间距 1\,000 m，布井 18 眼。共布井 54 眼，井深 120 m，单井涌水量 2\,900 m^3/d，开采量总计 15.66 万 m^3/d。具体布井方案见图 4-7。

四、开采量计算及评价

本方案中共布设开采井 54 眼，单井日取水量 2\,800 m^3，总开采量约为 15.66 万 m^3/d

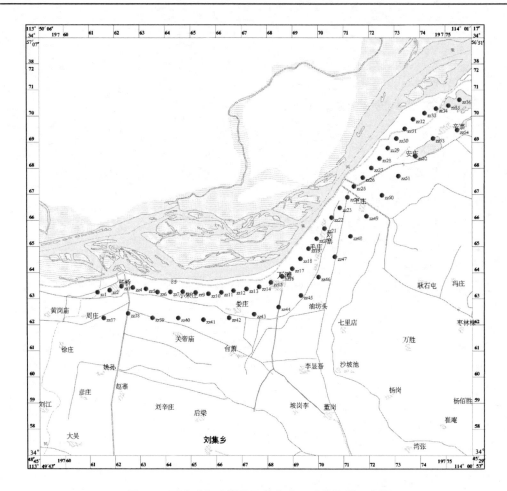

图 4-7　万滩后备水源地双排布井开采井位置示意图

(5 715.9 万 m³/a);据本次实地调查统计,2011 年郑州市区城市供水总量约 5 011.01 万 m³/a,故新水源地可开采资源量能够满足当前郑州城区 114% 人口的供水需求。

本水源地作为郑州市的后备水源地,规划期 30 年。

应用潜水完整井井群干扰非稳定流公式,利用计算机分别计算有关观察点由于拟建水源地开采而引起的降深,见表 4-2、图 4-8、图 4-9。

表 4-2　观测井水位预报一览表

开采年(a)	0.1	0.2	0.5	1	2	5	10	15	20	25	30	35	40	45	50
zz16 总降深(m)	4.63	5.66	7.15	8.25	9.16	9.98	10.33	10.45	10.52	10.56	10.59	10.61	10.62	10.63	10.64
zz16 年均 降深(m/a)	21.1	10.3	5.233 3	2.3	1	0.296 7	0.074	0.028	0.014	0.008	0.008	0.004	0.002	0.002	0.004
zzg49 总降深(m)	2.11	3.14	4.71	5.86	6.86	7.75	8.12	8.26	8.33	8.37	8.41	8.43	8.44	8.45	8.47
zzg179 总降深(m)	0	0.01	0.22	0.81	1.77	3.08	3.78	4.07	4.22	4.31	4.37	4.43	4.46	4.49	4.5

注:zz16 为最大降深点,zzg49 与 zz16 距离 300 m,zzg179 与 zz16 距离 5 000 m。

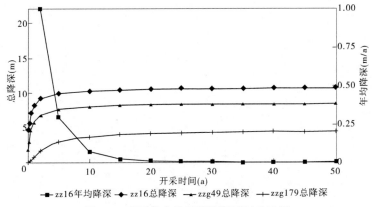

图 4-8　观测井水位预报降深历时曲线图

由水位预测结果可知,水源地以 15.66 万 m³/d 的开采量开采浅层地下水,在黄河透水边界的作用下,一年后水位下降速度迅速减小,15 年时水位下降速率为 0.028 m/a,已基本稳定,地下水由非稳定状态转为稳定状态,水位降深与抽水时间无关。

由计算结果可知,开采条件下地下水位趋于稳定后,zz16 号中心井最大水位降深 S_{max} = 10.45 m,该值不及 h(静水位到含水层底板)的 1/5。

由图 4-9 可以看出,水源地开采所引起的水位降落漏斗范围较小,中心水位降深较小。降落漏斗中心位于万滩镇万滩村一带,最大水位降深 10.45 m。水位降深大于 6 m 的范围仅有 25.53 km²。漏斗呈面北弧形展布,东西方向扩张很小,向西至黄冈庙—徐庄一线即不受开采影响,故新水源地的开采不会影响市区其他水源地的正常使用;向南扩展较多至台萧—油坊头,据 2012 年水位统调可知,自然情况下水源地范围内浅层地下水水位埋深在 2 ~ 5 m,开采后水位埋深一般 6 ~ 12 m,局部 13 ~ 14 m。这样的水位埋深仅对漏斗中心区的部分压水井和对口抽水井(井深一般 10 ~ 20 m)产生影响,此外,影响甚微。

综上所述,在拟建水源地以 15.66 万 m³/d 的开采量进行常规开采,水位的下降状况是可以接受的,不会引起明显的环境地质问题。

五、水资源保障程度分析

(一)黄河水和地下水的水力联系

由于黄河河道高出大堤外侧洪泛平原地面 3 ~ 10 m,因此在天然条件下即存在河水对两岸潜水的侧向径流补给。由于区内浅层地下水(包括潜水和浅层承压水)和其下的中深层水之间存在着一个厚度比较稳定的区域隔水层,因此黄河水和地下水的水量交换主要发生在浅层含水层中。黄河水侧渗补给两岸地下水的影响带宽度一般小于 10 km,最大不超过 20 km,最明显的影响带宽度为 2 ~ 5 km。由于黄河主河道两侧的现代沉积物主要为粉土和粉细砂互层,渗透性较差,加之两岸地下水水力坡度很小(0.5‰ ~ 1‰),因此天然条件下黄河对两岸地下水的侧渗补给量有限。根据已有的勘探与科研成果,现状条件下每千米河岸侧渗补给地下水量介于 1 000 ~ 1 500 m³/d。

但在傍河开采地下水时,由于地下水力坡度的加大,河水和地下水的水量交换大大增

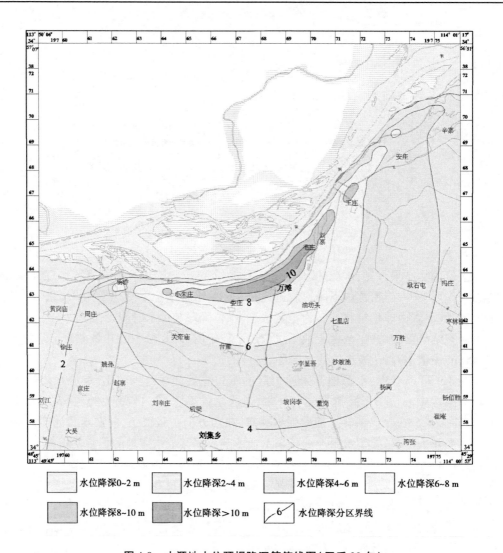

图 4-9 水源地水位预报降深等值线图(开采 30 年)

强,河水将成为傍河水源地的最主要补给来源。根据郑州北郊黄河九五滩和北郊两个傍河地下水源地的井群抽水试验资料,对开采条件下的河水与地下水的补给关系,得出了以下很有价值的认识。

(1)当九五滩和北郊凌庄两个滩地水源地分别在距河岸 1 300 m 和 400 m 处,以 1.38 万~1.62 万 m³/d 和 1.23 万~2.07D 万 m³/d 的抽水强度进行井组开采试验抽水时(均为井间距小于 15 m 的 3 眼抽水井),抽水进行 20 h 和 18 h 后,抽水水位降落漏斗均迅速扩展到黄河岸边。抽水试验稳定状态下的流场图清晰地反映出,抽水井组的水量绝大部分来自于黄河的侧渗补给,而在抽水井组背河一侧(抽水井组南面的一侧)700 m 和 900 m 处存在着一个地下水分水岭,表明该方向对抽水井组补给水量极微。

(2)在抽水试验过程中,浅层微承压水(即抽水目的层)水位明显随着黄河水位的变化而变化。河岸观测孔中微承压含水层水位几乎与河水位同步涨落,但随着离岸距离增加,变幅减小,变化时间滞后,充分反映出河水与近岸地段的地下水之间的水力联系密切。

（3）抽水试验场地在天然状况下,存在河水水位高于潜水水位、潜水水位又高于下部微承压水位的现象。例如,抽水试验进行前,在凌庄滩地黄河岸边的分层水位观测孔中观测到,黄河水位为91.29 m,浅层潜水位91.05 m,浅层微承压水上部水位90.70 m。即含水层深度越大,水位越低。随着抽水试验的进行,上述三种水体之间的水位差又明显地加大。例如,当凌庄滩地井组抽水试验进行18 h,水位降落漏斗已基本稳定后,距河岸仅2 m的TJg-5观测孔的地下水位与河水之间的水头差达1.64 m;石桥井组干扰抽水试验时,黄河水位比岸边浅层微承压水的水位高出2.96 m。以上事实说明,当区域内长期大量开采地下水时,各水体之间的水头差将进一步增大,黄河水对潜水、潜水对微承压水之间的补给量都将大大增加。

综上所述,黄河下游地处黄河冲积扇的中、上部,不同地质时代冲积扇相互叠置的多层砂质沉积物,为地下水的储存提供了良好的空间。得天独厚的地上河河水的补给和河水与地下水的密切水力联系,为沿岸地带地下水开采资源的形成提供了极为有利的条件。

（二）河水对地下水的侧向渗透补给量

根据九五和北郊两个傍河地下水源地,井组抽水试验和地下水开采资源的数值模拟计算成果,以及两个水源地部分投产后的开采动态资料,无可辩驳地说明在一定的开采条件下,黄河水的侧向渗透补给量,最终将是傍河地下水源地最重要的补给来源。在河岸水文地质结构基本相近的情况下,河流单宽(即每1 km河岸)的侧向补给地下水量主要决定于抽水井排距河岸距离,即抽水井排距河岸愈近,河水与抽水井之间的地下水力坡度愈大,河流侧渗补给地下水量则愈大,反之则小。从计算结果也可看出,在同一开采地段,开采前后河流侧向渗漏补给地下水量增大的倍数,大致和地下水力坡度增大倍数一致,即渗流量和水力坡度之间遵循达西公式的线性规律。

（三）水文地质比拟法进行可开采资源估算

本次工作受勘察精度、资金及工作周期等所限,未能进行全面、系统的勘探研究工作。因此,只能根据邻区已有的供水勘探资料和少数区域性的宏观研究成果,对本次傍河水源地的地下水可开采资源总量进行初步估算。

郑州市九五滩与北郊两个傍河水源地,与新后备水源地毗邻,均处于郑州段黄河南岸,水文地质条件基本相同。这里,用水文地质比拟法,根据郑州市九五滩和北郊两个傍河水源地,对本次傍河水源地地下水可开采资源总量进行估算。

九五滩水源地位于黄河铁桥的下游,沿河分布长度近10 km,1991年时根据距河岸300 m的井排布置方案,通过解析法和数值法及井群开采抽水试验确定的水源地可采资源量为10万 m^3/d,即每千米长度河岸的地下水开采资源量约1万 m^3/d。该水源地现已全部建成投产,产水量和开采水位动态均证明了勘探阶段开采资源评价结果的正确性。

北郊水源地位于花园口的下游,和九五滩水源地毗邻,沿河分布长度约30 km,在沿河岸离河400~1 200 m范围内布置了20多口开采井,供水详勘阶段用三维数值模型和水均衡法及开采抽水试验法评价的水源地可开采资源量为20万 m^3/d,即每千米河岸长度的开采资源量约0.7万 m^3/d。该水源地也已运行投产,开采量和水位动态亦证明其详勘阶段地下水可开采资源评价结果是可靠的。

因此,取以上两个水源地单位河岸长度的地下水平均开采资源量(即0.85万 $m^3/$

(d·km))计算新水源地地下水开采资源。新后备(后备)水源地的河岸长度约 21 km,故其可开采资源量约为 17.85 万 m³/d,折合年开采资源量为 6 515.25 万 m³/a。

这与解析法计算结果(日开采量 15.66 万 m³/d,年开采量 5 715.90 万 m³/a)较为接近且大于其值,说明新水源地日开采 15.66 万 m³ 浅层地下水是有保证的。

第五节　地下水水质评价

一、黄河水水质评价

黄河水是水源地浅层地下水的最重要补给源之一,引黄渠系等与区内浅层地下水水力联系密切,因此黄河水水质是影响水源区内地下水尤其是浅层地下水水质的最主要因素。根据《河南平原地区地下水污染调查评价(淮河流域)报告》及《河南省沿黄城市后备地下水源地普查》所取黄河水水质资料,研究区内的黄河水水质较好,地表水质量标准可到Ⅱ类水标准,经过处理可作饮用水。

二、生活饮用水评价

根据《生活饮用水卫生标准》(GB 5749—2006),结合本次工作对水源地范围内水样分析报告,在综合分析对比结果中可知,除铁、锰含量超生活饮用水标准外,其余各项指标均不超生活饮用水标准。Fe、Mn 为感官性状指标及一般化学性指标,经简单处理后可作为良好的生活饮用水。

三、工业锅炉用水评价

水源地浅层地下水锅垢总量(H_0)为 200~264,属锅垢少—多的水;硬垢系数(K_n)0.19~0.31,<0.50,为具有软沉淀或中等沉淀物的水;起泡作用 60<F<200,属半起泡水;腐蚀系数(K_k)<0 和(K_c)<0,为非腐蚀性水,无半腐蚀性水及腐蚀性水存在。

第五章　开封市马头后备水源地论证

第一节　研究区水文地质条件

　　研究区位于开封坳陷,第四纪以来,一直处于长期的沉降运动中,因而堆积了巨厚的第四系松散岩类,为本区地下水赋存提供了先决条件。集中降雨的气象条件和本区特有的"地上悬河"——黄河,都直接影响着地下水的运动规律。

　　依据钻孔揭露,巨厚的松散堆积物中,第四系各统均发育了具一定孔隙的含水层,为地下水赋存准备了良好的空间条件。特别是黄河主流带上,含水砂层颗粒粗,厚度大,储存着较丰富的地下水资源。两侧的黄河泛流地带,岩性颗粒较细,厚度较小,层数较多。

　　本区第四系各含水层(组)从上到下、由新至老相复叠置,孔隙率从上到下也有逐渐变小的特点。这是由于平原地区时间愈老埋藏愈深,压密程度愈高。此外,在早更新世和中更新世,均有冰水堆积物及冲洪积层的堆积,此范围内岩性分选性较差,因此地下水赋存条件也愈差。

　　依含水层的埋藏深度、成因类型、水力性质和开采条件,可将本区地下水含水层组划分为浅层含水层组、中深层含水层组、深层承压含水层组和超深层承压含水层组。浅层含水层组由于故黄河强烈的淤积和多次改道,致使砂层分布面积广,颗粒较粗,厚度比较大,结构松散,十分有利于地下水的分布和富集。黄河位于研究区北部边界,以其特有的"地上悬河"特征,成为区内浅层地下水的天然补给源,具有强大的资源保障。因此,选择浅层含水层组为本研究区目的层,下面对其水文地质条件进行阐述。

一、浅层含水层组赋存特征及其富水性

　　浅层地下水系指赋存于全新统及上更新统上部含水层中的地下水。含水层顶板埋深 10 ~ 30 m,底板埋深 40 ~ 75 m,最大埋深 74.9 m(开封市制药厂)。含水层由 3 ~ 6 层中砂、细砂、粉细砂组成,自上而下粒度由细变粗,厚度 20 ~ 55 m。由南西—北东向水文地质剖面图可以看出,由西南往东北方向,砂层厚度呈现薄—厚—稍薄的明显变化趋势。西南部砂层最薄,榆园—杏花营一带仅 20 m,中部孙李唐、花生庄、张斗门一带最厚约 55 m,往东北方向砂层厚度稍有变薄,黄河沿岸小马圈一带厚度 40 m 左右。东西方向上,北部黄河沿岸一带砂层分布比较稳定,厚度在 30 ~ 40 m,东部埋深稍大丁西部。

　　富水性程度基本上与含水层厚度一致。根据单井单位涌水量大小,可划分出强富水区、富水区和中等富水区(见图 5-1)。

　　强富水区主要分布在张斗门、闫寨、高屯以北沙门、水稻乡、西官庄以南,土城、蔡屯、南正门以西,以及北郊乡往东道士房、黄庄一带,其分布范围基本与黄河故道主流带相一致。单井涌水量 >3 000 m³/d,渗透系数 10 ~ 20 m/d,局部 >20 m/d。

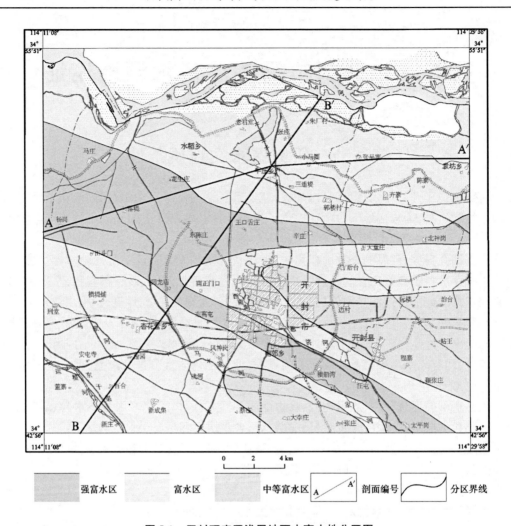

图 5-1　开封研究区浅层地下水富水性分区图

　　富水区分布在强富水区两侧,单井涌水量 1 000 ~ 3 000 m³/d。其中北部含水层导水性能较好,渗透系数 10 ~ 20 m/d。南部包括三水厂、包府坑以南,以及沿城墙、大巴屯以东地区,渗透系数稍差于北部,为 9 ~ 15 m/d。

　　中等富水区分布在南部西柳林、火神庙、大李庄一带,以及龙亭、前台以东,单井涌水量 500 ~ 1 000 m³/d,渗透系数 3 ~ 16 m/d。

二、浅层地下水的补给、径流、排泄条件

(一)浅层地下水的补给

　　区内地形平坦,大气降水是浅层地下水的主要补给来源,其次是河渠入渗和灌溉回渗补给等,此外,还有少量的侧向径流补给。

　　降水入渗补给:本区地形平坦,地面坡降一般 1/2 000 ~ 1/4 000,地表径流迟缓,地下水埋深较浅,且包气带岩性大部分为粉土及粉砂,结构松散,极有利于大气降水入渗补给。

　　灌溉水回渗补给:区内农田水利化程度较高,有大小灌渠 30 余条,总长 167.03 km,

引黄河水灌溉;灌区之外,尚有众多农灌井群。因此,农田灌溉水回渗对浅层地下水有一定的补给作用。

河渠侧渗补给:黄河是区内最大的河流,横贯本区北部。受人工大堤的约束,黄河所携带泥沙沿河道大量沉积,河床逐年抬高,其平均水位高出大堤以南地区 6～9 m。河床下是近代黄河沉积物,上部以泥质粉细砂为主,夹不连续的粉土层,下部为细砂层夹不连续粉土、粉质黏土层,河床下砂层与岸边砂层相连,河水通过砂层源源不断地补给测区浅层地下水。据相关资料,现状条件下每千米河岸侧渗补给地下水量介于 1 000～1 500 m^3/d 之间。

其他河流如惠济河、黄汴河等多为雨源型季节性河流,只有在丰水期对浅层地下水有一定的补给量。

区内坑塘众多,多引用黄河水补源,水位稳定。坑塘底部土层为亚砂土、粉细砂,可常年渗漏补给地下水。

侧向径流补给:区内地形平坦,天然条件下径流缓慢,侧向径流补给量甚微。但在市区一带,受人工开采影响,形成一定面积的浅层地下水降落漏斗。降落漏斗及其周边,水力坡度较大,径流速度增大,径流补给成为主要的补给方式。

(二)浅层水的径流条件

浅层地下水的径流受地形地貌条件和补给源控制,局部受人工开采影响。

由于黄河现行河道是下游平原的中脊和地表水、地下水的分水岭。所以,北部近黄河地带,地下水自北向南径流。

研究区东南部市区一带,天然状态下浅层地下水由西北向东南方向径流,但由于受开采影响,目前径流方向发生改变。从 2012 年地下水埋深及水位等值线图(图5-2)上可以看出,径流方向由降落漏斗周边向(开封城区)漏斗区流动。

(三)浅层水的排泄条件

浅层地下水的排泄形式主要为人工开采和蒸发排泄,其次为径流排泄和向中深层越流。

浅层地下水埋藏浅,易开采,沿黄地带又多为淡水区,所以在城区和井灌区,地下水开采是其主要排泄形式。引黄灌区、黄河滩地、背河洼地等地下水开采量小的地区,水位埋深小,一般 <4 m,则地下水的排泄形式以蒸发为主。

由于研究区地形平坦,天然条件下,水力坡度很小,径流滞缓,径流排泄量很小;市区开采漏斗及其周边,水力梯度较大,径流排泄量稍大。此外,本区中深层地下水水位普遍低于浅层地下水水位,虽然两层地下水位之间有厚20 m 左右的黏土、粉土、粉质黏土相对隔水层,但在隔水层厚度较薄或浅层与中深层地下水混合开采的地带,仍有部分越流排泄存在。

三、浅层地下水水位动态

浅层地下水水位动态主要受开采、气象、水文因素影响,其水位动态类型有以下几种。

(一)开采—侧渗型

开采—侧渗型主要分布在开封市区及其近郊等浅层地下水降落漏斗范围内,由于人

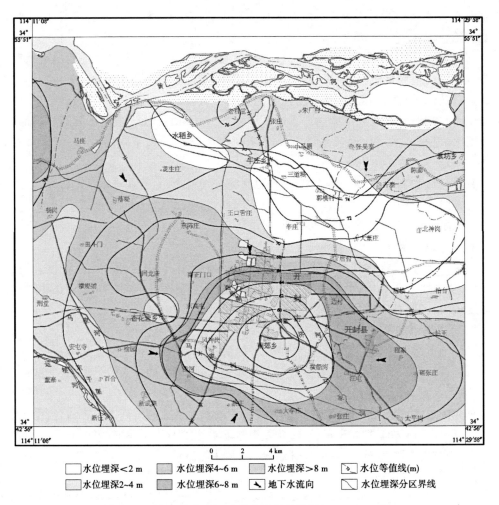

图 5-2　研究区地下水埋深及水位等值线图（2012 年 9 月）

口、工业众多,开采量大且集中,加上建筑物及道路硬化造成大气降水入渗补给量减少,浅层地下水补给主要来自于漏斗周边的侧向径流补给,水位变化受开采量大小的控制明显,一般夏季开采量增大,水位埋深增加,呈下降趋势变化;冬、春季开采量变小,水位动态呈缓慢回升趋势。年平均地下水位埋深逐渐增大。

近些年来,由于加强了城市水资源管理,使浅层地下水消耗量逐渐减少,水位下降速率明显减缓,局部有所回升。

（二）开采—入渗·气象型

降落漏斗区以外的地区,多属此类型。区内地表水系、引黄工程遍布,对浅层地下水有明显补给作用,故多年水位动态基本稳定,年内变幅 1 ~ 2 m。

四、浅层地下水水化学类型及水质特征

浅层地下水水化学特征及水化学类型受地表水体及人类活动影响,部分水质受到污染。矿化度北部较小,南部稍大,北部 <1.0 g/L,市区大部分 >1.0 g/L,南部黄汴河两

侧,矿化度 > 2.0 g/L;水化学类型北部黄河沿岸以 HCO_3—$Na \cdot Mg$ 型为主,开封市区以 $HCO_3 \cdot Cl$—$Na \cdot Ca \cdot Mg$ 型水为主,东部化肥厂以东、以南地区出现 $HCO_3 \cdot SO_4$—$Na \cdot Ca \cdot Mg$ 型水,黄汴河两侧局部地区分布 $Cl \cdot SO_4$—$Na \cdot Mg$ 型水。

参考近年来所开展的《开封市城市地下水超采区评价成果》《河南省平原地区地下水污染调查评价》《河南省沿黄城市后备水源地普查》等勘查或研究成果,结合本次水样检测资料,区内浅层地下水铁、锰指标超生活饮用水卫生标准现象较普遍。开封市区、开封县城区因人口集中、厂矿众多,浅层地下水水质较差,有硫酸盐、氨氮、氯化物等多项因子超生活饮用水卫生标准,其中毒理性因子 1 ~ 3 项,不宜饮用;北部及西部地区,水质超生活饮用水卫生标准的多为一般化学性指标 1 ~ 3 项,经处理后适宜饮用。

第二节　水资源开发利用状况及其诱发的环境地质问题

一、城区供水状况

开封市是地表水和地下水联合供水的城市。地表水以黄河作为供水水源,引黄水源地有一水厂、三水厂、化肥厂及火电厂专用水;地下水源地有二水厂、三水厂、市区自备井水源地,以及尚未启用的开封新区一水厂、袁坊—刘店后备水源地。

(一)黄河水城市供水状况

一水厂:位于开封市东区汴京路,占地面积为 92.132 亩,系黄河水水源。设计供水能力 20 万 m^3/d,目前主要供东区、开封县和老城区中山路以东部分南关区的工业和生活用水。

三水厂:位于市区西部黄河路北段,为开采地下水和引用黄河水双水源供水,设计综合供水能力 15.5 万 m^3/d,其中引用黄河水 10 万 m^3/d,开采地下水 5.5 万 m^3/d。主要负责滨河路以北、中山路以西及开发区的工业和生活用水。

据本次调查资料,开封市 2012 年城市公共供水应用黄河水量 7 152.27 万 m^3(含火电厂、化肥厂专用水 2 750.9 万 m^3),平均供水量 19.6 万 m^3/d,占城市自来水供水总量 8 357.09 万 m^3/d(含专用水)的 85%。说明开封市城市供水以地表水为主。

(二)地下水城市供水状况

二水厂:位于市区西南部郑汴路旁,建有供水井 12 眼,井深一般 170 m 左右,供水能力 2 万 m^3/d,主要供开封市滨河路以南的西南工业区及铁南区的工业和生活用水。

三水厂:有地下供水井 24 眼,开采地下水 5.5 万 m^3/d。与黄河水源联合,负责滨河路以北、中山路以西及开发区的工业和生活用水。

市区自备井:长期以来,开封市城市企、事业单位,共建自备井 300 余眼,井深一般为:浅井 70 m 左右,中深井 180 m 左右,深井 280 m 左右和 450 m 左右,还有少部分 1 000 m 左右地热矿泉深井。目前,自备井绝大部分已关停,仅有少部分仍在生产使用,其综合供水能力约 1.47 万 m^3/d。

二、环境地质问题

开封市城区自备井布局不合理,存在三集中现象,首先是开采层位集中,65% 的自备井集中开采浅层和中深层水;二是开采区集中,南部制药厂一带建井密度高达 31 眼/km²,西南部东赵屯—大朱屯一带建井密度达 14 眼/km²,在城市公共供水系统覆盖范围内浅井有 2 200 余眼之多;三是开采时间集中,用水高峰 5~9 月,开采量占全年开采量的 50% 以上。

长期以来,三集中的开采方式,导致地下水位持续下降。因地下水超采而诱发的环境地质问题随之凸显。自 2002 年实施封停自备井措施之后,恶化趋势虽得到了有效遏制,但仍然存在。主要表现在以下两个方面。

(一)地下水水位降落漏斗

浅层地下水降落漏斗位于市区南部及南郊乡,由风神岗—芦花岗—东芦花岗—火神庙—汪屯农场—高楼—土古文—白塔—高压阀门厂—空分厂—小王屯围成的闭合区域,漏斗中心位于禹王台区左楼—南郊乡杨庄村一带,中心水位标高分别为 54.56 m(埋深 17.24 m)和 59.70 m(埋深 12.00 m),漏斗面积 34.12 km²,地下水由四周向漏斗中心汇流。

(二)地下水水质污染

这里所述的地下水水质污染是指由于人类活动使污染物进入地下水水体中,造成地下水的物理、化学性质或生物性质发生变化,造成地下水水质具有明显恶化趋势,降低了其原有的使用价值。

根据区内近年来的水质测试结果,区内浅层地下水超过饮用水标准的因子主要为硫酸盐、氨氮、氯化物 3 项,水质污染区面积约 69 km²,主要分布在老城区、曹门、宋门、马市街、蔡屯、南郊、杨正门、汪屯、边村一带,与地下水水位降落漏斗分布较一致,这也充分说明了地下水水质污染是由于人类活动开采地下水所引起的。污染区浅层地下水水化学类型较复杂,主要为 $HCO_3 \cdot Cl—Na \cdot Ca \cdot Mg$ 与 $Cl \cdot SO_4—Na \cdot Mg$ 型水。

第三节　马头后备地下水源地的优选确定

一、后备地下水源地的确定

根据研究区水文地质条件及地下水资源开发利用状况,结合开封市城市发展规划,对开封市后备地下水源地进行了优选确定。

研究区西北部,位于巨大的黄河冲积扇上,为黄河冲积主流带、泛流带部位,堆积了巨厚的粗粒相堆积物,为地下水的赋存提供了良好的空间。含水砂层具有厚度大、颗粒粗、结构松散、透水性好的特征,其单井涌水量 1 000~3 000 m³/d,局部 >3 000 m³/d,地下水资源量丰富。同郑州研究区一样,黄河在该河段以“地上悬河”为主,河水通过河床源源不断地补给岸边浅层地下水,具有丰富的补给资源保障。

目前,研究区内已有地下水源地分别位于开封市区、开封市西部及东北部黄河沿岸。其中开封市区及其西部位于黄河主流带上,砂层厚度大、颗粒粗、结构松散、透水性好,为地下水源地最优地段,但其上游有东彰—狼城岗水源地,下游有开封市二水厂、三水厂及郑汴新区一水厂,已无新的勘探地段;北部黄河沿岸,位于现代黄河河漫滩上,其中全新统及上更新统沉积的冲积砂层具有单层厚度大、结构松散、透水性好的特征,为良好的傍河水源地地段。

依据《开封市城市总体发展规划(2008—2020)》,城市发展重点是向西,大力发展汴西新区,实现郑汴一体化。因此,将新水源地选址在开封市西北部,对城市供水保障具有积极意义。

综合以上因素,本次拟将新地下水水源地确定在黄河沿岸西段,西承中牟县"东彰—浪城岗后备水源地",东接开封县"袁坊—刘店后备水源地",属傍河取水水源地(见图5-3)。新水源地包括杨桥—马头—朱庄一带的黄河滩地及其南侧背河洼地区,东西长约19 km,南北宽约6.3 km,面积88.52 km²;距开封市最近9 km,交通便利。

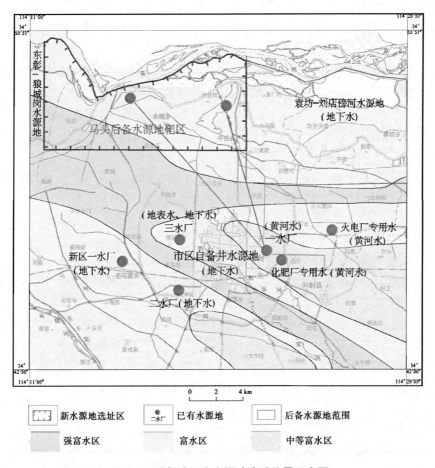

图5-3　后备地下水水源地选址位置示意图

二、马头后备水源地水文地质概况

水源地工作目的层为浅层含水层组,主要由上更新统上段和全新统冲积物组成。顶板埋深10~25 m,底板埋深45~75 m。含水层由2~3个单层组成,单层厚度5~20 m,总厚30~50 m。南北方向上,南厚北稍薄,南部厚度达50 m左右,以中砂为主,其次为细砂,属黄河主流带沉积物,北部滩区和其他泛流带以细砂为主,厚度30~45 m;东西方向上,分布比较稳定,厚度在 30～40 m,东部埋深稍大于西部。其富水性程度可分为强富水区及富水区两类,其中强富水区单井涌水量 >3 000 m³/d,渗透系数 20 m/d 左右,分布于水源地西南部;其余地带为富水区,单井涌水量 1 000～3 000 m³/d,渗透系数 10～20 m/d。水源地总体上富水性程度较高。

天然状况下,水源地浅层地下水的补给以黄河侧渗补给和大气降水入渗补给为主,往南远离黄河平原区有引黄渠系及农田灌溉入渗补给;开采状况下,水源地浅层地下水的补给将主要来自黄河水的侧向径流补给。受地形地貌控制,地下水由北西黄河向南东黄泛平原方向径流,天然条件下水力坡度与地形坡度几近一致,一般在 0.5‰～1‰,径流滞缓。测区浅层地下水水位埋深较浅,排泄以蒸发为主,其次为开采及径流。

第四节　地下水可开采资源量概算及评价

马头后备水源地与郑州万滩后备地下水源地同位于黄河南岸,属傍河取水型水源地,两者水文地质条件基本相同,故其资源评价原则和方法与万滩后备地下水源地相同,这里不再赘述。

一、计算参数的选择及确定

本区参数的选取结果,渗透系数 $K=15$ m/d,导水系数 $T=776$ m²/d,重力给水度 $\mu=0.06$。

二、布井方案的确定

从供水角度上讲,为更多地夺取黄河水对浅层地下水的补给量,应尽可能地靠近黄河单排布井,但同时又要在黄河大堤处产生尽量小的降深,还要考虑水井施工、汛期抽水设备维修等因素。

综合以上因素,在参考郑州九五滩、北郊水源地等相关傍河水源地布井经验基础上,对多种开采方案进行计算、比较、优选后,拟定开采方案为:沿河岸单排布井,开采井与黄河边线的距离定为 300 m,井间距 450 m,布井 49 眼,井深 80 m,单井涌水量 2 500 m³/d,总计 12.25 万 m³/d(4 471.25 万 m³/a)。具体布井方案见图 5-4。

三、开采量计算及评价

此方案共布开采井 49 眼,单井日取水量 2 500 m³,总开采量约为 12.25 万 m³/d(4 471.25 万 m³/a)。据本次实地调查统计,2012 年开封市中心城区人口约 118 万,按城市生活用水 100 L/d 计,居民生活需水量约为 11.8 万 m³/d,则新水源地能够满足当前中心城区 104% 人口的供水需求。

本水源地作为开封市的后备水源地,规划期 30 年。

应用潜水完整井井群干扰非稳定流公式,利用计算机分别计算有关观察点由于拟建水源地开采而引起的降深,见表 5-1、图 5-5、图 5-6。

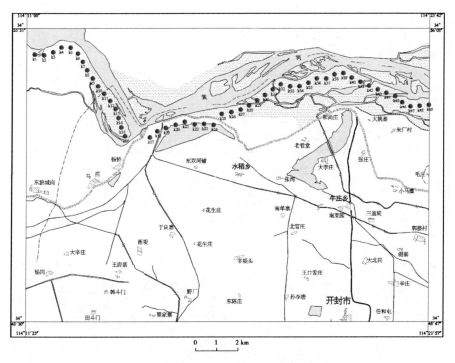

图 5-4　马头后备水源地布井方案示意图

表 5-1　单排布井观测井水位预报一览表

开采时间(a)	0.1	0.2	0.5	1	2	5	10	15	20	25	30	35	40	45	50
k16 总降深（m）	5.12	5.97	7.36	8.43	9.35	10.31	10.84	11.08	11.2	11.28	11.34	11.39	11.42	11.44	11.47
k16 年均降深(m/a)	13.5	7.9	4.6	2.22	0.98	0.33	0.108	0.046	0.028	0.018	0.01	0.008	0.008	0.004	0.006
kg57 总降深(m)	1.35	2.14	3.52	4.63	5.61	6.6	7.14	7.37	7.51	7.6	7.65	7.69	7.73	7.75	7.78
kg197 总降深(m)	0	0	0	0	0.02	0.33	1.03	1.53	1.88	2.11	2.29	2.43	2.53	2.62	2.69

注:k16 为最大降深点,kg57 与 k16 距离 300 m,kg197 位于开封市二水厂井区内。

由水位预测结果可知,水源地以 12.25 万 m^3/d 的开采量开采浅层地下水,在黄河透水边界的作用下,一年后水位下降速度迅速减小,30 年时水位下降速率为 0.01 m/a,已处于稳定,地下水由非稳定状态转为稳定状态,水位降深与抽水时间无关。

由计算结果可知,开采条件下地下水位趋于稳定后,k16 号中心井最大水位降深 S_{max} =11.34 m,该值不及 h(静水位到含水层底板)的 1/5。

由图 5-5 可以看出,水源地开采所引起的水位降落漏斗大致呈南北方向弧形展布,东西方向扩张较小,向南部影响范围超过 10 km。漏斗中心位于水稻乡杨桥村北黄河滩地内,最大水位降深 11.34 m。水位降深大于 6 m 的范围为 50.13 km^2,向南扩展较多至落堤—花生庄—北官庄一带。据 2012 年水位统调,天然情况下浅层地下水水位埋深区内大部分地区在 2 ~ 4 m,开采后水位埋深一般 8 ~ 15 m。这样的水位埋深仅对漏斗中心区的

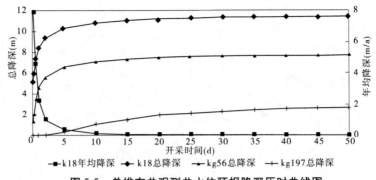

图 5-5　单排布井观测井水位预报降深历时曲线图

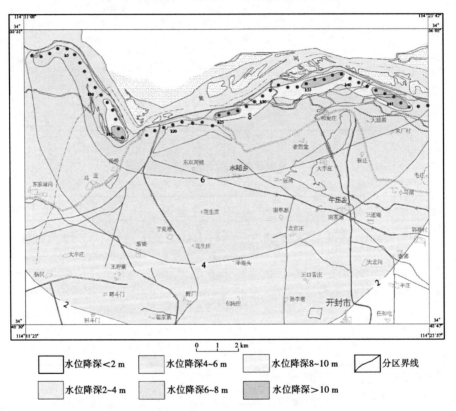

图 5-6　单排布井水位预报降深等值线图(开采 30 年)

部分压水井和对口抽水井(井深一般 10～20 m)产生轻微影响,此外没有影响。

　　由表 5-1、图 5-5 可知,新水源地启用 15 年后,位于开封市第二水厂井区内的 kg197 所诱发的浅层水位降深仅为 1.53 m,且市区地下水源地开采层位均为中深层承压水,故新水源地的开采不会影响市区其他水源地的正常使用。

　　综上所述,在拟建水源地以 12.25 万 m³/d 的开采量的开采过程中,水位的下降状况是可以接受的,不会引起明显的环境地质问题。

四、水资源保障程度分析

黄河在研究区内为"地上悬河",其河床高出城市地面 8 ~ 10 m,加之河床下是近代黄河堆积的以砂为主的地层,因此在天然条件下即存在河水对两岸浅层地下水的侧向径流补给。现状条件下每千米河岸侧渗补给地下水量介于 1 000 ~ 1 500 m³/d。但在傍河开采地下水时,由于地下水力坡度的加大,河水和地下水的水量交换大大增强,黄河水的侧向渗透补给量将成为傍河地下水源地最重要的补给来源。

根据解析法计算出马头傍河水源地单排布井开采 30 年后的稳定降落漏斗,计算出河岸线处的水力坡度,则开采条件下的黄河侧渗补给量结果见表 5-2。

表 5-2　黄河侧渗补给量计算表

河岸长度(m)	砂层厚度 M(m)	水力坡度 J(10⁻³)	渗透系数 K(m/d)	黄河侧渗补给量 Q(万 m³/d)
23 260	40	8.69	15	12.13

从计算结果分析,黄河的侧渗补给量 12.13 万 m³/d 与开采量 12.25 万 m³/d 极为接近,说明水源地开采量中的绝大部分(98%)来自黄河的侧渗补给,加之测区地下水具有较大的调蓄能力。因此,在马头建立日开采 12.25 万 m³ 水源地具有较大的保障能力。

新水源地紧依开封市"袁坊—刘店"傍河水源地,水文地质条件基本相同。"袁坊—刘店"水源地每千米长度河岸的地下水开采资源量约 0.65 万 m³/d,则新水源地每千米长度河岸的地下水开采资源量亦可近似认为 0.65 万 m³/d,其河岸长度约 23.26 km,故其可开采资源量约为 15.12 万 m³/d。此值远远大于解析法计算结果,再次表明新水源地日开采 12.25 万 m³ 浅层地下水是完全有保证的。

第五节　地下水水质评价

黄河水是本区浅层地下水的最重要补给源之一,引黄渠系等与区内浅层地下水水力联系密切。因此,黄河水水质是影响水源区内地下水尤其是浅层地下水水质的最主要因素。根据《河南平原地区地下水污染调查评价(淮河流域)报告》及《河南省沿黄城市后备地下水水源地普查》,黄河水水质较好,地表水质量标准可到 Ⅱ 类水标准,经过处理可作饮用水。

本次地下水质量评价工作进行了生活饮用水及工业锅炉用水评价。

根据《生活饮用水卫生标准》(GB 5749—2006),结合本次工作水源地范围内水样分析报告,综合分析对比结果中可知除肉眼可见物有少量沉淀物及个别水样铁、锰含量超生活饮用水标准外,其余各项指标均不超生活饮用水标准。肉眼可见物、铁、锰均为感官性状指标及一般化学性指标,稍作处理后可作为良好的生活饮用水。

工业锅炉用水评价,水源地浅层地下水 H_0 为 250 ~ 349,属锅垢多的水;硬垢系数 K_n 为 0.26 ~ 0.36,< 0.5,为具有中等沉淀的水;起泡系数为 114.69 ~ 178.06,属半起泡水,地下水腐蚀性属非腐蚀性或半腐蚀性水,无腐蚀性水存在。

第六章　商丘市前沈楼后备水源地论证

第一节　研究区水文地质条件

根据含水介质的岩性组合特征、赋存空间的成因性质、埋藏条件和水动力特征并结合已有资料,地下水分为浅层地下水(深度 60 m 左右)、中层地下水(深度 60~350 m)、深层地下水(深度 350~600 m)。中层水普遍为咸水或微咸水,水质差不能饮用;深层水水质较好,但商丘市及市郊水位埋深已达 65~75 m,处于超采状态,已无开采潜力可挖。因此,选择浅层含水层组为本次工作目的层。下面,对其水文地质条件进行阐述。

一、浅层含水层组赋存特征及其富水性

浅层地下水的赋存条件和分布规律主要受地质因素的控制。第四纪全新世地层为黄河近代冲积堆积,一般厚度 40 m,局部达 60 m,具有上细下粗的"二元结构"特征,由于古河道的频繁改道和泛滥,粗细颗粒交替沉积,使部分地区有细—粗—细—粗的"多元结构",并使粗颗粒层分布不连续、厚度不稳定等现象发生。粗粒砂为主要含水层,板顶埋深一般 10~20 m,底板埋深 40~70 m。厚度分布受古河道的控制。西北部古河道主流带内沉积以中砂、细砂为主的含水砂层,厚 10~18 m,局部大于 20 m,结构松散,是赋存地下水的良好场所。含水层之上多为粉土覆盖,局部为粉土和粉质黏土覆盖,有利于大气降水的入渗补给,因此该地带浅层地下水丰富。含水层以粉砂、粉细砂、细砂、中细砂为主,单层厚度 2~10 m,局部地段含水层累计厚度达 35 m,含水层分布不均,商丘市西部、南部较厚,富水性好,东北部揭露 60 m 以浅地层无砂层,富水性差。浅层地下水的富水性分为三个区(见图 6-1)。

富水区分布在谢集—李庄及陇海铁路以南大部分地区,含水层以中砂、细砂为主,厚 10~18 m,局部 20 m 以上,结构松散,透水性强,涌水量 1 000~3 000 m³/d。单位涌水量 6~8 m³/(h·m),渗透系数 10~20 m/d,导水系数 200~300 m²/d。

中等富水区分布在郑阁—道口集—平台的北西至南东向的条形地带及王楼的南部一带。含水层单层薄、颗粒细,以粉砂、粉细砂和细砂为主,局部有中砂夹层,结构稍密,一般累计厚度 5~15 m,地下水富水性稍差,单井涌水量 500~1 000 m³/d,单位涌水量 4~6 m³/(h·m),渗透系数 5~10 m/d,导水系数 100~200 m²/d。

弱富水区分布在刘口集的北部及道口集东南一带。含水层由粉砂、粉细砂及细砂组成,含少量泥质,厚度一般 3~9 m,涌水量 100~500 m³/d。渗透系数小于 5 m/d,导水系数小于 100 m²/d。

二、浅层地下水的补给、径流、排泄条件

浅层地下水补给、径流、排泄条件受地质地貌、包气带岩性、降水、水文、地下水位埋

深、植被及人为因素等影响。

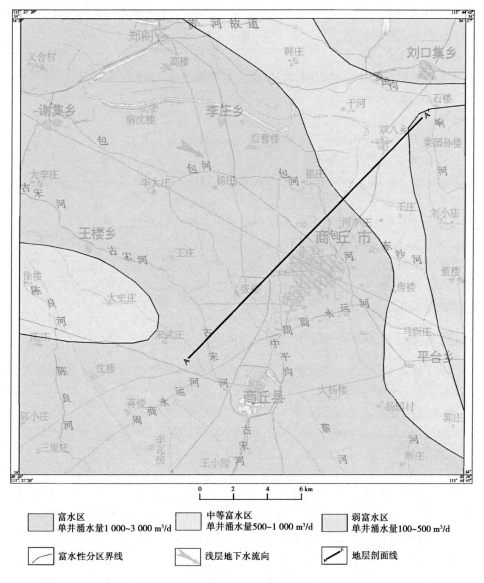

富水区
单井涌水量1 000~3 000 m³/d

中等富水区
单井涌水量500~1 000 m³/d

弱富水区
单井涌水量100~500 m³/d

富水性分区界线

浅层地下水流向

地层剖面线

图 6-1　研究区浅层地下水富水性分区图

(一)浅层地下水的补给

浅层地下水的补给来源主要是大气降水入渗,其次是地表水的入渗、灌溉水的回渗和侧向径流补给。

1. 降水入渗补给

大气降水入渗是浅层地下水的主要补给来源。该区包气带岩性多为砂性土,地形平坦,降水量集中在 6、7、8、9 月四个月内,占全年降水量的 70%。水位埋深以 2 ~ 10 m 为主,有利于降水入渗补给。

2. 地表水入渗补给

研究区河流较多，还有常年蓄水的郑阁水库、睢阳水库、东风湖、引黄工程等，均可对浅层地下水产生入渗补给。

3. 灌溉水回渗补给

周边农业水利化程度高达80%以上，大多为明渠漫灌，灌水定额较高，农灌回渗补给量占灌溉水量的5%～15%。

4. 地下水侧向径流补给

开采条件下，该区浅层地下水已形成水位降落漏斗，使浅层地下水侧向径流量增大。

（二）浅层地下水的径流条件

地下水的径流基本上与地形倾斜方向一致，为西北—东南和北—南，天然条件下的水力坡度仅1/6 000，地下水运动以垂直交替为主。但随着地下水开采漏斗的形成，地下水的流向和水力坡度也不相同，地下水由漏斗周边向漏斗中心径流。

（三）浅层地下水的排泄条件

浅层地下水排泄方式以蒸发为主，区内浅层地下水埋深一般2～10 m，城区及部分区域超过10 m。浅层地下水埋深超过4 m时，超过了地下水极限蒸发深度，其排泄方式由蒸发转为开采为主。

三、浅层地下水水位动态

浅层地下水水位动态，主要受降水、蒸发与人工开采因素控制。开采强度的大小、降水量的多少直接控制浅层地下水水位埋深的变化。潜水的水位动态变化与大气降水的变化有关，潜水位的变化周期与大气降水变化周期明显一致，丰水期水位高，枯水期水位低，5月中下旬受大气降水的影响水位迅速上升，但降水入渗补给地下水的时间出现滞后，高水位期出现在9月下旬。雨季过后，地下水位下降，在2～3月降到最低值。

区内浅层地下水根据其影响动态变化的主要因素，将其划分为三种：降水—蒸发、开采型，降水—蒸发型和降水—开采型。

降水—蒸发、开采型：区域地下水水位的变化具有明显的季节性。降水集中季节或丰水年份，由于补给量充足，地下水水位上升；在枯水季节或干旱年份，蒸发强烈，加之人工大量开采地下水，致使地下水水位下降。

降水—蒸发型：主要分布在汛期及汛后水位埋深一般1～4 m的地区，地貌上多为洼地，常年地下水水位较浅，地下水开采利用水平较低，降水入渗补给主要消耗于蒸发。

降水—开采型：主要分布在地下水水位埋深较大地区，蒸发微弱，地下水水位的动态变化主要受人工开采控制。区内工农业和生活用水主要取自地下水，枯水期更是大量抽取地下水进行农田灌溉，随着地下水开采量的增加，地下水水位相对下降，形成降落漏斗。

四、浅层地下水水化学类型及水质特征

收集以往资料并结合本次取样结果分析，浅层地下水无色透明，pH值为7.18～7.85，溶解性总固体478.19～2 287.05 mg/L，总硬度为318.14～1 189.09 mg/L。按舒卡列夫分类原则，浅层地下水的水化学类型可归并为主要的六种，即 HCO_3—$Mg \cdot Ca$、

HCO_3—$Mg \cdot Ca \cdot Na$、HCO_3—Na、$HCO_3 \cdot Cl$—$Mg \cdot Na$、$Cl \cdot HCO_3$—$Ca \cdot Mg$ 型和 $SO_4 \cdot Cl \cdot HCO_3$—$Na \cdot Mg$ 型水。

HCO_3—$Mg \cdot Ca$ 型:在研究区的北部,沿孙楼、郑阁、刘口集东西向分布,溶解性总固体一般小于 1 000 mg/L,总硬度一般小于 700 mg/L。除总硬度超标外,局部 Mn、F、I 含量也超标。

HCO_3—$Mg \cdot Ca \cdot Na$ 型:研究区大部分地区为该种类型水,溶解性总固体一般小于 1 000 mg/L,总硬度一般小于 500 mg/L。Mn、F、I 及阴离子合成洗涤剂超标。

HCO_3—Na 型:零星分布在前沈楼、随楼一带,溶解性总固体 1 144 mg/L,总硬度 318 mg/L。溶解性总固体和 F 含量超标。

$HCO_3 \cdot Cl$—$Mg \cdot Na$ 型:分布在商丘梁园区及睢阳区及其西北一带,溶解性总固体一般小于 1 200 mg/L,总硬度一般小于 900 mg/L。该区地下水除溶解性总固体、总硬度超标外,Cl、Fe、Mn、F、I 含量也超标。

$Cl \cdot HCO_3$—$Ca \cdot Mg$ 型:零星分布在道口集以南一带,溶解性总固体一般大于 1 000 mg/L,总硬度一般小于 1 000 mg/L。该区地下水除溶解性总固体、总硬度超标外,Cl、Fe、Mn 含量也超标。

$SO_4 \cdot Cl \cdot HCO_3$—$Na \cdot Mg$ 型:分布在睢阳区东南一带,溶解性总固体达 2 287 mg/L,总硬度 1 189 mg/L。多项因子超标,水质差。

区域上看,浅层地下水水质较差,超标因子主要是总硬度、溶解性总固体、铁、锰、氟化物,局部超标因子是氯化物、高锰酸盐指数、氨根、亚硝酸盐、阴离子合成洗涤剂。

第二节　水资源开发利用状况及其诱发的环境地质问题

一、水资源开发利用状况

(一)集中开采

商丘市城市供水以地下水为主要供水水源,以引黄河水为补充。现状主要开采 60 m 浅层地下水和 350~600 m 深层水。60~350 m 深度中深层水为微咸水和咸水,基本上未开采利用。

商丘市目前利用地下水作为供水水源的水厂共有 7 处,分别是睢阳区一水厂、二水厂,梁园区二水厂、三水厂、供水站、清泉水厂和开发区水厂。设计规模为 16.5 万 m³/d,现供水能力为 6.2 万 m³/d。第四水厂,从郑阁水库引黄河水作为供水水源,设计供水能力 20 万 m³/d,现供水能力 10 万 m³/d。此外,自备井供水量较大,用水单位有 240 户,自备井 420 眼,供水量 14.8 万 m³/d。供水总量为 31 万 m³/d,地下水供水量占 67.8%。

(二)分散性开采

分散性开采一般分布在郊区及农村。区内农田灌溉程度较高,以渠灌为主,部分地区以井灌为主。

二、环境地质问题

长期地下水超采而诱发的环境地质问题随之凸显,主要表现在以下两个方面。

（一）地下水水位降落漏斗

浅层地下水 1971 年漏斗中心地下水水位埋深 11.50 m,位于纱厂;1993 年漏斗中心水位埋深 18.6 m,2002 年漏斗中心水位埋深 20.55 m,仍位于纱厂。浅层地下水下降漏斗由 1971 年的 7 km²,扩大到 2002 年的 263 km²。由于深层地下水的过量开采,水位持续下降,自 1993~2002 年年均水位累计下降 15.86 m,平均年下降 1.59 m;深层水水位下降漏斗(相当于深层地下水位埋深 40 m 闭合面积)由 1993 年的 337 km²,扩大到 2002 年的 358 km²。

（二）地下水水质污染

由于受到工业、生活废弃物和污水灌溉的影响,浅层水一定面积的水质已受到污染。根据区内近年来的水质测试结果,区内浅层地下水超过饮用水标准的因子主要为总硬度、溶解性总固体、铁、锰、氟化物,局部超标因子是氯化物、高锰酸盐指数、氨根、亚硝酸盐、阴离子合成洗涤剂等。浅层水水质污染区分布在商丘市区及其南部。污染区浅层地下水水化学类型较复杂,主要为 HCO_3—$Mg \cdot Ca$、HCO_3—$Mg \cdot Ca \cdot Na$、HCO_3—Na、$HCO_3 \cdot Cl$—$Mg \cdot Na$、$Cl \cdot HCO_3$—$Ca \cdot Mg$ 型和 $SO_4 \cdot Cl \cdot HCO_3$—$Na \cdot Mg$ 型。

第三节　前沈楼后备地下水源地的优选确定

一、后备水源地的确定

根据商丘研究区水文地质条件及地下水资源开发利用状况,参考商丘市城市发展规划及供水规划,对商丘市后备地下水源地进行了优选确定。

研究区位于黄河故道历次决口泛滥形成的冲积平原区。由于古河道的频繁改道和泛滥,粗细颗粒交替沉积,含水砂层呈现出空间分布不连续、厚度不稳定等特征。总体上由东南向西北方向,含水砂层厚度逐渐增厚。西北部的随楼—前沈楼一带,位于故河道主流带上,沉积颗粒较粗,含水砂层以中砂、细砂为主,厚度较大(18~20 m,局部大于 20 m)。该地带浅层地下水丰富,单井涌水量 1 000~3 000 m³/d。

因原生地球化学异常及后期人为污染,研究区浅层地下水局部水质较差,东部、东南部梁园区、睢阳区一带,有氯离子、铁、锰、氟、碘等多项指标超生活饮用水卫生标准,不宜饮用;研究区西部及北部,浅层地下水水质相对较好,超标成分多为总硬度、溶解性总固体、铁等感官性状及一般化学性指标,经处理后适宜饮用。

依据《商丘市城市总体规划(2005—2020)》,城市的发展方向为"南拓北限,东跨西延",但鉴于目前商丘市区及其西郊、西南部均已有地下供水水源地分布,东部水文地质条件又比较差,因此将新后备地下水源地确定在商丘市西北部的随楼、前沈楼一带,水源地东西长约 10 km,南北长约 5 km,面积 50 km²(见图 6-2)。

二、前沈楼后备水源地水文地质概况

拟选水源地位于商丘市西北部的谢集—前沈楼一带,为故河道主流带沉积,含水层最大埋藏深度约 60 m,含水层岩性为细砂、中细砂、中砂,局部为粗砂和含砾砂层。含水层

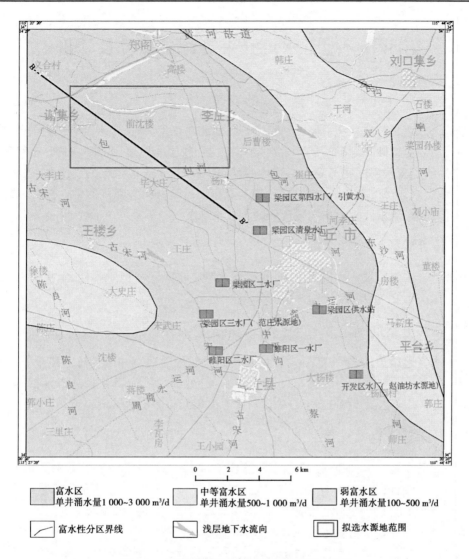

图 6-2 商丘前沈楼后备水源地选址区示意图

1～2 层,总厚度 18～20 m。顶板埋深 16～28 m,底板埋深 30～40 m。包气带岩性多为粉土,补给条件较好。从区域上看,拟选水源地处于富水区段,单井涌水量 1 000～3 000 m³/d。

水源地浅层地下水主要接受大气降水入渗补给,其次为农业灌溉回渗及地下水侧向径流补给;径流方向为西北—东南方向;地下水水位埋深较浅,丰水期 3～5 m,枯水期 4～6 m,故排泄以蒸发为主,其次为人工开采及侧向径流排泄。

第四节　地下水可开采资源量概算及评价

一、边界条件的概化及计算公式的选择

拟选水源地属黄河冲积平原,地势平坦,由西北向东南微倾,含水层岩性为细砂、中细砂、中砂,局部为粗砂和含砾砂层。含水层 1 ~ 2 层,砂层总厚度 18 ~ 20 m,分布稳定,富水性中等,浅层含水层的底部隔水层平均厚度 40.00 m,为分布稳定的粉质黏土,在天然状态下,浅层水与深层水达到动态平衡,基本不存在越流补排关系。因此,将本区概化为均质、各向同性、隔水底板水平无限延伸的无限含水层。

二、计算参数的选择及确定

综合抽水资料所求水文地质参数,并结合水源地实际水文地质条件,本次计算,导水系数 $T = 240$ m²/d,重力给水度 $\mu = 0.035$。

三、布井方案的确定

根据水文地质条件,参考《凿井技术》及相邻水源地的适宜井距。对多种开采方案进行选优。开采井呈东西向分三排布设,井距 800 m,共 30 眼,为梅花状交错分布,拟定井深为 60 m,单井取水量 1 600 m³/d,总开采量为 4.8 万 m³/d(见图 6-3)。

四、开采量计算及评价

此方案共布设开采井 30 眼,单井日取水量 1 600 m³,总开采量约为 4.8 万 m³/d。据本次实地调查统计,至 2013 年,商丘市中心城区人口为 116 万,居民生活需水量约为 11.6 万 m³/d,则新水源地能够满足当前中心城区 42% 人口的生活用水需求。

本水源地为商丘市后备水源地,规划期 30 年。

应用潜水完整井井群干扰非稳定流公式,利用计算机分别计算有关观察点由于拟建水源地开采而引起的降深,见表 6-1、图 6-4、图 6-5。

表 6-1　商丘前沈楼水源地观测井水位预报一览表

开采时间(a)	0.1	0.2	0.5	1	2	5	10	15	20	25	30	35	40	45	50
SQ16 总降深(m)	8.35	10.44	13.68	15.02	16.22	16.65	17.31	17.42	17.60	17.83	17.93	18.05	18.15	18.22	18.31
SQ16 年均降深(m)	83.50	20.90	10.80	2.68	1.20	0.14	0.13	0.02	0.04	0.05	0.02	0.02	0.02	0.01	0.02
SQg88 总降深(m)	3.19	5.27	8.5	9.84	11.04	11.44	12.13	12.26	12.38	12.52	12.67	12.81	12.94	13.04	13.13
SQg172 总降深(m)	0	0.06	0.47	0.78	1.13	1.38	1.76	2.30	1.70	1.91	2.22	2.45	2.60	2.78	2.97

注:SQ16 为最大降深点,SQg88 与 SQ16 距离 300 m,SQg172 与 SQ16 距离 3 500 m。

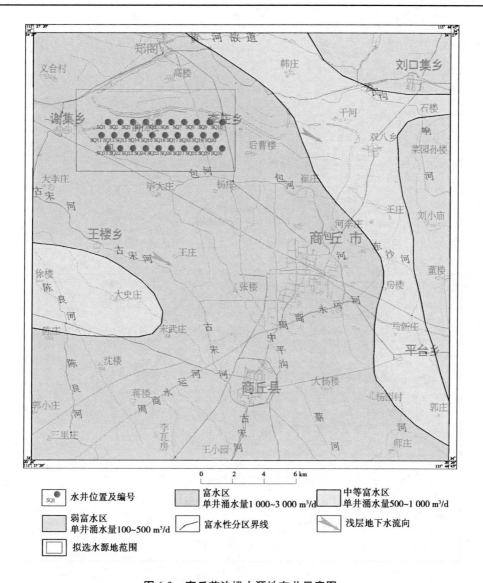

图 6-3　商丘前沈楼水源地布井示意图

由水位预测结果可知,水源地以 4.8 万 m^3/d 的开采量开采,1 年后水位下降速率 2.68 m/a,水位下降速度开始减缓,5 年后水位下降速率 0.14 m/a,已趋向于稳定,水源地水位动态达到新的平衡。

由计算结果可知,开采条件下开采 30 年,SQ16 号中心井最大水位降深 S_{max} = 18.31 m。据 2012 年水位统调资料可知,自然情况下水源地范围内浅层地下水水位埋深 2 ~ 4 m,开采后水位最大埋深为 22.31 m,该值约为 h(静水位到含水层底板)的 1/3,对区内浅水水井有影响,但影响不大。

综上所述,在拟建水源地以 4.8 万 m^3/d 的开采量进行长期开采,水位的下降状况是可以接受的,不会引起明显的环境地质问题。

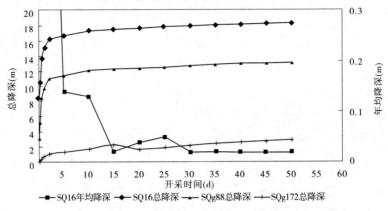

图 6-4　前沈楼水源地开采水位预报降深历时曲线图

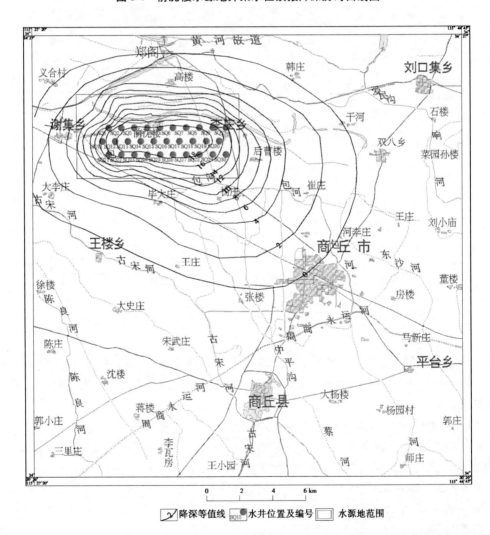

图 6-5　商丘前沈楼水源地方案 3 水位预报降深等值线图(开采 30 年)

五、水资源保障程度分析

依据《河南平原地下水潜力调查与可更新能力评价》报告,新水源地位于商丘市北部潜力景区。对其进行潜力计算与分析,含水层顶板埋深 15~28 m,含水层厚度 10~15 m,开采条件下动水位设计在含水顶板以上,水位埋深以 5~15 m 计,设计降深为 10 m,开采后中心地带水位埋深为 15~25 m。北部水库现状条件下为分水岭补给入渗面积的一半,开采条件下水力坡度增大夺取北部地下水,水库的全部入渗量可进入开采区,水库作为定水头补给边界。开采条件下均衡计算结果:总补给量为 14.6 万 m^3/d,总排泄量为 9.13 万 m^3/d,均衡差为 5.47 万 m^3/d。拟选水源地在此区内,日开采量 4.8 万 m^3 是有保障的。

第五节　地下水水质评价

本次地下水质量评价以 2012 年度水源地地下水水质测试分析资料为基础,进行了水源地生活饮用水评价及工业用水评价。

根据《生活饮用水卫生标准》(GB 5749—2006)对水源地范围内水样分析结果进行评价,综合分析对比结果可知,部分水样溶解性总固体、总硬度、锰、氟含量超生活饮用水标准,其中溶解性总固体为 1 144.35 mg/L,超生活饮用水质量标准 0.14 倍,总硬度为 522.95 mg/L,超生活饮用水质量标准 0.16 倍,氟化物为 1.43 mg/L,超生活饮用水质量标准 0.43 倍,其余各项指标均不超生活饮用水标准。此几项指标超标倍数较小,且多为感官性状指标及一般化学性指标,简单处理后可作为良好的生活饮用水。

锅炉用水水质评价,水源地 H_0 为 221~423,梁园区谢集镇北一带属锅垢多的水,梁园区李庄乡张堂一带属锅垢少的水;硬垢系数 K_n 为 -1.58~0.25,水源地大部分地区为具有软沉淀的水;起泡系数 F 为 224.74~847.53,属起泡的水;区内大部分为非腐蚀性水。

第七章　许昌市榆林—范湖应急水源地论证

第一节　研究区水文地质条件

一、松散岩类含水层组划分及其分布特征

研究区位于颍汝河冲积平原,第四系以来处于相对下降的状态,沉积层厚度大于300 m,上部发育中、上更新统孔隙潜水及半承压水含水层,下部为下更新统承压含水层,其赋存和分布规律主要受形成条件的控制。

中、上更新统含水层水文地质结构为埋藏型扇形指状冲洪积扇。该冲洪积扇顶端在襄城县附近,扇顶较窄向东指状呈扇形散开,前缘在石桥、临颍、商桥等地,到茨沟主河槽分为三支,北支沿祖师庙故道,到城上又分出寺台庙支道;中支沿文化河故道及南支丁营故道位于区外;故道间为岛状地块。扇顶卵石层厚30.83 m,故道带主要沉积砾石层,是良好的储水导水层,其间的粉质黏土、粉土是弱导水的储水层。在水平分布上,带状分布故河道是地下水赋存和富集的良好地带;岛状地块由粉质黏土、粉土含姜石组成,它们的孔隙、裂隙储水、导水能力较差。

下更新统含水层水文地质结构为三角洲和上叠冲洪积扇组成的含水综合体,自襄城向东呈扇状展开。顶端砂砾卵石层厚达110 m,含砂比为0.7,向东、向北迅速减薄;向东到关帝庙减为49.3 m,含砂比0.46;向北到清沂河边的牛庄,只有0.6 m厚的粉细砂,含砂比0.15。顶端砂砾卵石层顶板埋深57.20 m,向东变为156 m。此含水层组富水性较差。

依据含水层的埋藏深度并参照许昌地区群众开采中已形成的浅、中、深划分方法和界限,将本区含水岩组埋藏深度50 m以上划分为浅层含水层组(中、上更新统含水层),埋藏深度50~150 m划分为中层含水层组(下更新统冲洪积扇含水层),埋藏深度150 m以下的划分为深层含水层组(下更新统三角洲相含水层)。综合考虑含水层组富水性程度及应急开采特点,本次重点叙述浅层地下水水文地质条件。

二、浅层含水层组赋存特征及其富水性

(一)浅层含水层组赋存特征

浅层地下水为潜水或微承压水,包括全新统、上更新统、中更新统上段含水砂层。浅层含水层组主要由汝颍河冲积形成,北部泛滥区主要为细颗粒沉积物,含水砂层厚度薄,颗粒细,甚至尖灭,富水性差;南部为二期埋藏型扇形指状冲洪积扇,河道地带砂层最厚,河间地区较薄,整体富水性较好。

研究区南部,地下水的分布受汝河故道控制,50 m深度内埋藏着南北两支汝河故道。

汝河故道呈近东西向分布,北部汝河故道分布于榆林—寺台庙一线,呈近东西向条带状分布,宽 0.5~3.0 km,含水层顶板埋深 25.30~36.80 m,底板埋深 41.30~47.40 m。含水层有 2 层,总厚度 8.0~20.6 m,岩性由细砂、中粗砂、砂卵砾石及泥质粉细砂或泥质砂砾石组成,砾径一般 3~5 cm,大者可达 8 cm。分选性较差,砾石多呈次圆状。在水平方向上,汝河故道在流经过程中,因侵蚀古岗使其堆积的砾卵石厚度在西部较薄,东部较厚。如在领西王村水 1 孔砾卵石厚度为 4.12 m,楼里村厚度为 6.10 m,东部寺台庙厚度达 17.70 m,富水性相应的西部弱、东部强。西部单井涌水量在 50~100 m³/h,东部可大于 100 m³/h。如 Xu41 孔,水位降深 2.49 m,涌水量为 61.84 m³/h。

南部汝河故道由城上经常寺向东延伸,呈近东西向带状分布,宽度约 4.0 km。含水层顶板埋深 6.67~18.86 m,底板埋深 19.73~35.43 m,有 1~3 个含水层,总厚度 12~24.28 m。岩性可分上下两套,上部为中细砂、中粗砂,单层厚度 6.23~16.17 m 不等,分选性好,为上更新世汝河故道;下部由砂卵砾石层组成,砾石成分为石英岩、石英砂岩、安山岩及安山玢岩,分选及磨圆程度较好,多呈圆状或次圆状。该层砾径一般 1~8 cm,大者达 10 cm,该层属中更新世汝河故道。富水性较强,城上村一带单井涌水量一般在 100 m³/h 以上。

(二)浅层水富水性

据《平顶山幅区域水文地质普查报告》及本次野外抽水资料,换算成统一口径(300 mm)、统一降深(5 m)条件下的单井涌水量,据此绘制出浅层地下水富水性分区图(图 7-1)。由图可以看出,研究区中南部位于颍、汝河冲积平原之上,含水砂层沿河道带较厚,岩性由细砂、中细砂、粗砂砾石或泥质砂砾石组成,渗透系数一般为 11~189 m/d,单井涌水量一般为 60~100 m³/h,局部大于 100 m³/h,为富水区。研究区中北部,50 m 深度内主要为粉土、粉质黏土,无良好含水层,富水性相对较差,为中等富水区,单井涌水量 500~1 000 m³/d。

在大路陈—港城、祖师庙—范湖一带,处于汝、颍河的河间岛状地块,为双层结构含水层,上部为粉土、粉质黏土,多含钙质结核,厚度 15~25 m;下部为泥质砂砾石、泥质中砂、中细砂和粉砂,单层厚度 1~16 m,常有 2~3 个沉积韵律,单井涌水量 500~1 000 m³/d,为中等富水区;西北部一带岗地,由中更新统冲积、洪积棕红色粉质黏土及粉土组成,局部有冲积砂和砂砾石分布,厚度 4~16.6 m,单井涌水量 100~500 m³/d,为弱富水。

三、浅层地下水的补给、径流、排泄条件

研究区浅层地下水的补给,主要为大气降水的入渗补给,径流补给、河渠侧渗补给和灌溉水回渗补给为次。

研究区地势平坦,水力坡度较缓,包气带岩性以粉上为主,有利于降水入渗补给地下水;地下水径流补给也是区内地下水补给的一个重要来源。研究区西北部,地形相对较陡,纵坡降一般在 2‰~3‰,水力坡度在 1.6‰~2‰。加之上游汝河故道内含水层的颗粒较粗,有利于上游地下水通过地下径流补给研究区地下水。

由于颍河在颍桥—繁城地带为地上河,汝河大陈闸、颍河化行闸使河水抬高 3~8 m,使水位常年保持在 79~80 m 高程上,比两侧地下水位高 2~5 m,通过白灌渠调节,常年

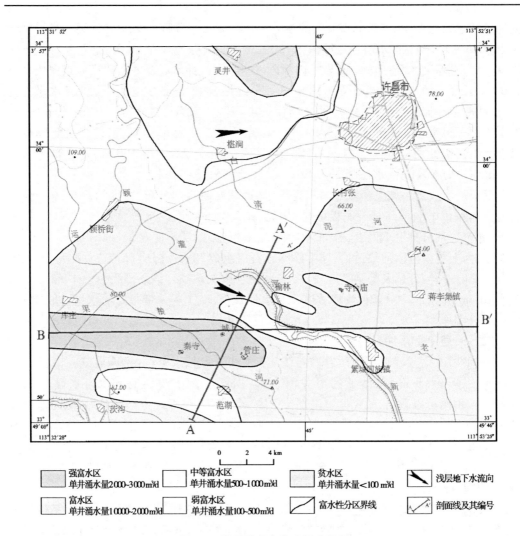

图 7-1　浅层地下水富水性分区图

补给地下水。尤其在研究区地下水开采后,这种补给作用会更强。

　　灌溉水回渗补给是另一个补给因素。区内农田灌溉程度较高,利用白灌渠实际灌溉345.60万亩。灌区内包气带岩性多为粉土,结构松散,有利于灌溉水的回渗补给。

　　研究区地下水的径流、排泄方式,除通过汝河故道含水层由上游向下游水平径流排泄外,浅层地下水的主要排泄形式为人工开采和浅层水越流补给中深层承压水,西南部浅层地下水水位浅埋区以蒸发、人工开采排泄为主,侧向径流排泄次之。

四、浅层地下水水位动态

　　浅层地下水水位动态主要受开采、气象、水文因素影响,其水位动态类型有开采型、气象—开采型和开采—气象型三类。

(一)开采型

　　浅层地下水水位变化主要受开采量大小的控制,开采量较大的建成区、郊区村镇及地下水位降落漏斗范围内,夏季开采量增大,水位埋深增加,呈下降趋势变化;冬、春季开采量变化,水位动态呈上升趋势,一般每年1~4月开采量少,水位埋深回升。

(二)气象—开采型

水位动态变化主要受降水量大小的控制,其次受农业灌溉开采影响。枯水期,降水量小,加之农灌开采,造成水位持续下降,埋深增加。汛期,降水量大,地下水位埋深变浅,主要分布于郊区。据许昌市水利局13号浅井水位埋深观测资料,2010年1~5月,降水量0~70.7 mm,浅井水位埋深较稳定,为4.16~4.19 m;受7、8月降水补给,9月水位埋深回升至1.21 m;随着10~12月降水量减少,水位埋深逐渐增大。由于地下水的补给有个过程,所以降水量与水位埋深之间有一滞后现象。

(三)开采—气象型

多分布于城镇和居民点周边,水位动态变化受开采量大小影响,又与降水量大小相关。据许昌市水利局资料,在冬春季枯水期,受灌溉、饮用水开采的影响,地下水位一般持续下降,在汛前6月前后降到最低(6.12 m);7~9月随着雨季到来,降水入渗补给相应增大,水位埋深变浅,9月埋深最浅(2.12 m);之后开采量变大,水位又开始下降,到3月前后,埋深较大(5.18 mm)。

五、浅层地下水水化学类型及水质特征

根据《淮河流域(河南段)环境地质调查报告》(河南省地质调查院,2007)和本次取样水质分析成果,全区浅层地下水水化学类型以 HCO_3—$Ca \cdot Mg$、HCO_3—Ca 型为主,$Cl \cdot HCO_3$—$Mg \cdot Na$、HCO_3—$Mg \cdot Ca$、$HCO_3 \cdot Cl$—Na、$HCO_3 \cdot Cl$—$Ca \cdot Na$ 型等次之。区内阴离子较单一,以 HCO_3^-、Cl^- 为主,阳离子以 Ca^{2+}、Mg^{2+}、Na^+ 为主。

研究区榆林—范湖一线,浅层地下水质量大部分处于良好状态,多为Ⅱ类水;许昌市区及青泥河沿岸浅层地下水水质较差,多为Ⅴ类水,溶解性总固体、总硬度及氟化物、氯化物、六价铬、硝酸盐、硫酸盐等无机指标超标严重;西北及东南部水质较差,多为Ⅳ类水,但超标因子多为溶解性总固体、总硬度及氟化物、铁、锰等无机指标,定类因子含量超标倍数相对较少,适当处理可作为生活饮用水。

第二节　水资源开发利用状况及其引发的环境地质问题

一、水资源开发利用状况

(一)城市供水水源

许昌市城市供水水源地目前主要有三处:一是许昌市城市规划区88.02 km^2范围内的地下水资源,年均可采量2 879.44万 m^3;二是周庄水厂(引北汝河水)的地表水资源,年最大供水能力1 460万 m^3;三是董庄和麦岭水厂取自襄城县麦岭水源地(南水源)的地下水资源,年均可采量2 555万 m^3。供水类型有城市公共供水系统和自备水源井供水系统。目前许昌市总供水能力为6 894.53万 m^3/a。许昌市区地下水资源主要分为浅层地下水资源量及中深层地下水资源量,区内的地下水含水层多为细粒、薄层并呈透镜体状分

布的第四系松散砂层。市区浅、中深层地下水资源量历年来一直处于超量开采状态，1992～2003年(2000年和2003年是丰水年除外)，共向市区输水34 080.38万 m^3 ，年最大输水量3 469.56万 m^3 ，年平均实采量3 138.77万 m^3 ，最大开采强度44.73万 m^3/km^2 ，年平均开采强度35.66万 m^3/km^2 。根据南水北调中线工程供水规划，2014年中线工程竣工后向许昌市区输送地表水12 775万 m^3/a ，有效缓解许昌市区的城市用水紧张状况。

(二)浅层地下水开采现状

许昌市区开采浅层地下水主要用于城市生态环境用水、农业灌溉、农村生活用水。其中浅层水农灌井621眼，年开采量786万 m^3/a ；农村生活用水浅层自备井4 000眼，年开采量81万 m^3/a ；城市生态环境用水浅层自备井460眼，年开采量1 382万 m^3/a 。许昌市区实际年开采浅层地下水总计2 249万 m^3/a 。许昌市区总面积88.02 km^2 ，则浅层地下水开采模数为25.55万 $m^3/(km^2 \cdot a)$ 。

(三)中深层地下水开采现状

许昌市区开采中深层地下水主要用于城市生活用水。目前，有中深层水源井32眼，年开采量908万 m^3/a ；2005～2012年许昌市关闭全部253眼自备井。全区实际年开采中深层地下水总计908万 m^3/a 。许昌市区总面积88.02 km^2 ，则中深层地下水开采模数为10.32万 $m^3/(km^2 \cdot a)$ 。

二、环境地质问题

(一)降落漏斗

1.浅层地下水降落漏斗

浅层地下水降落漏斗区由于浅层水补给量少于消耗量，故造成地下水水位连年下降。由于许昌市区浅层地下水集中开采，在许昌—尚集一带形成地下水降落漏斗，漏斗中心位于市区东北部的前张—尚冢一带，中心水位埋深由1970年的约2 m增加到1992年的18.81 m，到2006年增加到21.86 m，浅层地下水位下降速度为0.03 m/a。2006年开始许昌市政府相继关闭了市区67眼自备井，使市区浅层地下水位回升，2012年已回升到17.20 m。

2.中深层地下水降落漏斗

许昌市中深层地下降落漏斗区由于补给条件、富水性较差，水位不易恢复，开采消耗量主要依靠含水层组的弹性储存量，地下水水位普遍呈下降势态，个别地段可因开采量暂时减少而造成水位稍有回弹。

许昌市以中深层地下水为供水水源，大规模开采中深层地下水始于1974年，当年水位埋深16.00 m，之后平均每年下降4 m；1992年，水位降落漏斗面积约18.69 km^2 ；1996年，降落中心水位约80 m，降落漏斗面积扩大到约87.00 km^2 ，几乎覆盖整个许昌市城市规划区，并继续扩展加深趋势，水位埋深超过70 m的地段约占全市区的20%以上。近年来由于限量开采地下水，才使降落漏斗面积稍微缩小。到2003年，水位降落漏斗面积缩小到约19.70 km^2 ，漏斗中心水位埋深已达45.78 m。许昌市中深层地下水有两个降落漏斗中心区：其一，在市区的北中部营庄、火电厂和市委一带，漏斗中心水位最大埋深98.67 m；其二，在市区西南部的玻璃厂至八一厂，漏斗中心水位最大埋深82.75 m，两漏斗中心区之间形成了一条北西向的地下水水位隆起带。

(二)地面沉降

许昌市区长期超量开采浅层和中深层地下水,使地下水位逐年下降,形成了大范围的降落漏斗,引起的含水层孔隙被压密,随之出现了地面沉降,给许昌城市建设造成很大危害。许昌市区全部在新构造运动的活动影响之中,沉积了较厚的第四系松散地层,沉积厚度由西部的 100 m 左右,向东猛增到超过 500 m。根据 1985 年对市区范围高程控制点的沉降测量,首次发现市区出现了大范围不同程度的地面沉降,其中沉降量在 150 mm 以上的面积达 3.31 km²,占市区总面积的 3.67%,主要分布在老城区,沉降量在 100 mm 以上的面积达 8.96 km²,占市区总面积的 9.93%,主要分布在老城区及周围;沉降量在 50 mm 以上的面积达 54 km²,占市区总面积的 60%,主要分布在远郊范围以内。1989 年进行了系统的沉降测量,发现地面沉降继续发展,尤其在老城区沉降量最大,为 82 mm,沉降量最小值为 2 mm,只有西部郊区局部出现了回升现象(个别点最大上升了 19 mm)。1992 年的沉降测量与 1985 年对比,市区大部分地区继续沉降,形成了东北至西南为长轴的椭圆形沉降区,沉降量在 50 mm 以上的面积达 74 km²,老城东北又下沉了 110 mm,局部最大沉降量已达 245 m,火车站西南的水泥厂附近又下沉了 69 mm,局部最大沉降量达 190 m。市区西部由于灌溉工程及有计划地回补地下水,出现了大面积的地面回升现象,比 1985 年的地面回升了 10~40 mm,最大回升量达 43 mm,回升区的面积达 29.6 km²,其中心地带已接近恢复到 1985 年以前的地面高程。1997 年、1998 年又对部分沉降点进行了测量,发现沉降均有减缓现象,西部郊区地面又有所回升。2009 年沉降面积 54 km²,中心沉降量 277 mm,沉降速率 8.9 mm/a。2011 年许昌市地面沉降面积缩小到 7.75 km²。这些情况都验证了地面沉降治理的初步效果。

(三)地下水水质污染

由于受到工业、生活废弃物和污水灌溉的影响,浅层水一定面积的水质已受到污染,尤其老城区及市区东南部地下水污染严重。根据区内近年来的水质测试结果,许昌市区及青泥河沿岸浅层地下水水质多为 V 类水,溶解性总固体、总硬度及氟化物、氯化物、六价铬、硝酸盐、硫酸盐等无机指标超标严重。水质污染区面积约 130.22 km²,主要分布于七里店—许昌—蒋李集一线。污染区浅层地下水水化学类型较复杂,主要为 HCO_3—Ca·Mg、HCO_3·SO_4—Ca·Mg、Cl·HCO_3—Mg·Ca 型。

第三节　榆林—范湖应急水源地的优选确定

一、应急地下水水源地的确定

许昌市位于山前岗丘区的前缘,其基底构造为许禹背斜的东端。由于受构造、地貌的影响,其北部、西部和东部,50 m 深度内岩性主要由亚砂土、亚黏土夹薄层粉砂或细砂组成,无良好含水层,富水性较差,在中等富水—贫水之间;而中深层水,除北部尚集—五女店一条带较好为富水区外,在市区近郊的东、南、西三个方向,中深层水单井出水量都在 1 000 m³/d 以下,无扩大开采的条件。根据许昌市城市发展规划,中心城区的发展方向为向北与长葛市联合发展。目前,许昌对正在北部的尚集—五女店一带为许昌新区勘探开发新水源地;故本次应急水源地选址仅能考虑南部的浅层地下水。

研究区南部位于汝河冲洪积平原上,50 m 深度内埋藏着南北两支汝河故道。汝河故道呈近东西向分布,北部汝河故道分布于榆林—寺台庙一线,岩性由细砂、中粗砂、砂卵砾石及泥质粉细砂或泥质砂砾石组成。南部汝河故道由城上经常寺向东延伸,岩性为中细砂、中粗砂、砂卵砾石层等。在这两条汝河故道带中,含水砂层厚度大、颗粒粗,为强富水区;边缘带砂层薄,颗粒细,为富水区或中等富水区。

目前,在研究区的南侧已建成运行有许昌市麦岭水源地。水源地建设一期允许开采量为 5 万 m^3/d,开采的目的层主要为 50 m 以上浅层地下水,设计供水能力 5.0 万 m^3/d;后期扩大开采后允许开采量为 14 万 m^3/d。其中,B 级 8.5 m^3/d,开采目的层位为 50 m 以上浅层地下水;C 级 5.5 万 m^3/d,开采目的层位为 90 ~ 150 m 以上中深层地下水。麦岭地下水源地目前运行正常。

本次拟将应急地下水源地确定在许昌市以南约 14 km 的榆林—范湖一带,与许昌市麦岭水源地同位于汝河扇形指状冲洪积扇上,但分属不同分支。建成后,可与麦岭水源地现有输水管线共用,有利于节约建设成本,现将应急水源地的分布特征简述如下:

水源地靶区位于许昌市以南约 14 km 的榆林—范湖一带,其范围西起茨沟,东至繁城,南起范湖,北至榆林。地理坐标:东经 113°30′ ~ 113°47′,北纬 33°51′ ~ 33°55′。选取城上—刘店—管庄、榆林—寺台庙两处相对富水地段作为应急水源地开采区,总面积 44.12 km^2。其中,城上—刘店村—管庄村水源地面积 26.94 km^2,榆林乡—寺台庙村水源地面积 17.18 km^2,见图 7-2。

二、榆林—范湖水源地水文地质概况

榆林—范湖应急水源地浅层含水砂层厚度在 16 ~ 24 m,南厚北薄(见图 7-3)。含水层组主要分布在南北两支汝河故道上,北部汝河故道分布于榆林—寺台庙一线,含水层岩性为中粗砂、砂卵砾石及泥质砂砾石,顶板埋深 25.30 ~ 36.80 m,底板埋深 41.30 ~ 47.40 m,含水层厚度 8.0 ~ 20.6 m,西薄东厚,富水性相应的西部弱、东部强。西部单井涌水量在 50 ~ 100 m^3/h,东部大于 100 m^3/h。

南部汝河故道由城上经常寺向东延伸,岩性可分上下两套,上部为中细砂、中粗砂,单层厚度 8.23 ~ 16.17 m 不等,分选性好,为上更新世汝河故道;下部由中更新世汝河故道的砂卵砾石层组成。含水层顶板埋深 6.67 ~ 18.86 m,底板埋深 19.73 ~ 35.43 m,含水层厚度 12 ~ 24.28 m。富水性较强,城上村一带单井涌水量一般在 100 m^3/h 以上。

应急水源地地下水补给主要以大气降水入渗补给为主,地下径流和河流侧渗补给为次。由于颍河在区内为地上河,高出两侧地面,是天然的地面、地下分水岭。颍河以南,地下水由西北向东南径流;颍河以北,由西南向东北径流,由于地势总体较为平坦,水力坡度较缓。地下水埋深一般较浅,除沿颍河两侧为 4 ~ 8 m 外,其他地区多为 2 ~ 4 m,西南部更浅,多小于 2 m,故排泄方式以垂直蒸发排泄为主,此外为农业用水季节性开采及通过汝河故道含水层由上游向下游水平径流排泄。

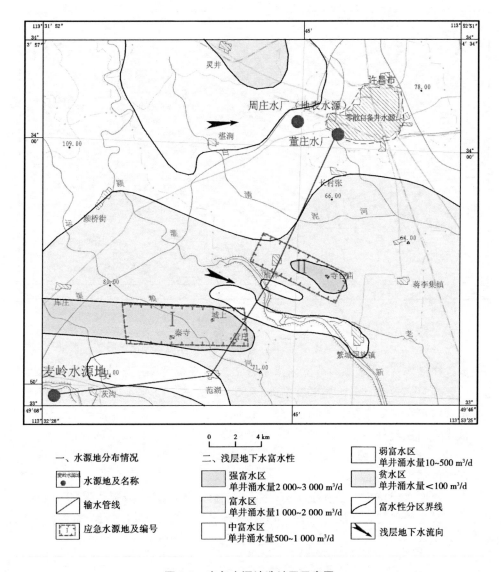

图 7-2　应急水源地选址区示意图

第四节　地下水可开采资源量概算及评价

一、水文地质条件的概化

水源地位于许昌市南部,北汝河冲洪积扇的中部,属颍河冲积平原,地形较平坦,总体地势西北高东南低。水源地供水目的层为上、中更新统巨厚层的砂、砾卵石层,中更新统砾卵石层由西向东埋深由浅变深,颗粒由粗变细,厚度由薄变厚;到扇体前缘有尖灭之势,形成较好的承压水。上更新统、全新统为厚度不等的中粗砂、粉细砂和粉土、粉质黏土层。中更新统含水层上覆厚层粉质黏土、粉土,平均厚度 30～50 m,为弱透水层。

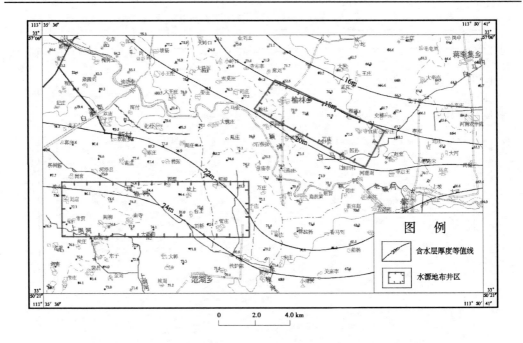

图 7-3　应急水源地 50 m 以浅含水层组砂层厚度等值线图

依据以往勘查资料,水源地范围内潜水含水岩组底板埋深一般小于 50 m,含水层岩性为上更新统中细砂、粉细砂,局部有中砂、砾石,厚度一般 12 ~ 24 m。

潜水含水岩组主要接受大气降水补给,次为地表渗入和灌溉回渗补给,承压水含水岩组主要接受侧向径流补给。地下水均顺自然地势由西、西北向东、东南径流。一般情况下,冲洪积扇上部潜水位终年高于承压水水位,中部水位持平,下部近前缘地带,潜水位均高于承压水位 0.5 m 左右。

本次潜水取水层位为上更新统砾石、中细砂、粉细砂含水层,控制井深 50 m 以浅。设计钻孔均穿过主要目的含水层,均为完整井。含水层向东、南、西、北四个方向无限延伸,均视为无限含水层边界。

二、计算参数的选择及确定

(一)渗透系数

根据《河南省许昌地区北部农田供水水文地质勘察报告》(比例尺 1∶100 000),襄城县范湖乡城上村水 12 孔,位于南部汝河故道的中上游地段,其非稳定流抽水试验所取得的参数基本可代表该故道含水层组特征。确定本次选取渗透系数(K)为 14 m/d,导水系数(T)为 500 m²/d。

(二)重力给水度

本次工作直接引用其成果中重力给水度数值,见表 7-1。

表 7-1　重力给水度(μ)值选用一览表

粉质黏土	粉土	粉砂	细砂	中砂	粗砂	粗砂砾石	砂卵砾石
0.01~0.02	0.045~0.06	0.08	0.1	0.15	0.2	0.25	0.23

三、布井方案的确定

对多种开采方案进行计算、比较、选优后,拟定三种开采方案。浅井井位相同,根据应急期不同,对开采井流量作出相应调整,尽量在不产生次生地质灾害条件下,利用较大降深尽可能多地采取地下水,以满足许昌市短期供水需求。

在参考临近水源地的布井经验基础上,综合应急水源地水文地质背景条件,开采井布设在南北两条汝河故道分支上。其中,城上—刘店村—管庄村段面积 26.94 km²,含水层分布相对较宽,布井形式采用面状梅花形布井;榆林乡—寺台庙村段面积 17.18 km²,含水层呈带状分布,宽度较小,布井形式沿古河道带成线状展布。井距及行距均为 1 000 m,井深 50~60 m,共布井 21 眼。其中,双庙乡刘店村—管庄村段布井 15 眼,榆林乡—寺台庙村段布井 6 眼(见图 7-4)。各方案结果见表 7-2。

表 7-2　应急水源地布井方案一览表

项目	位置	井数(眼)	单井开采量(m³/d)	应急期(d)	总开采量(万 m³/d)
方案 1	双庙乡刘店村—管庄村	15	2 500	100	5.07
	榆林—寺台庙	6	2 200		
方案 2	双庙乡刘店村—管庄村	15	2 200	200	4.32
	榆林—寺台庙	6	1 700		
方案 3	双庙乡刘店村—管庄村	15	1 800	400	3.60
	榆林—寺台庙	6	1 500		

四、开采量计算及评价

(一)方案 1 开采量计算及评价

此方案设计规划期 100 d,共布设开采井 21 眼。其中,双庙乡刘店村—管庄村段布井 15 眼,单井涌水量 2 500 m³/d;榆林乡—寺台庙村段布井 6 眼,单井涌水量 2 200 m³/d,总开采量计 5.07 万 m³/d(1 850.55 万 m³/a)。据调查统计,目前许昌市城区人口约 69 万人,居民生活需水量约为 6.9 万 m³/d,则新水源地应急可开采资源量可解决许昌城区特殊时刻 74% 人口的生活供水需求。

方案 1 采用潜水完整井井群干扰非稳定流公式,利用计算机分别计算有关观察点由于拟建水源地开采而引起的降深。由计算结果可知,双庙乡刘店村—管庄村段和榆林乡—寺台庙村段两处水源区相互影响较小。

1. 双庙乡刘店村—管庄村段

双庙乡刘店村—管庄村段开采井引起降深见表 7-3、图 7-5。

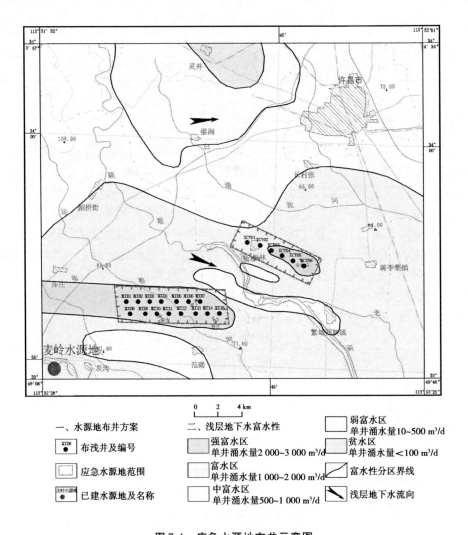

图 7-4　应急水源地布井示意图

表 7-3　双庙乡刘店村—管庄村段方案 1 地下水位预报一览表

开采时间(d)	1	2	5	10	20	50	100
XCC10 总降深(m)	2.95	3.3	3.8	4.33	5.21	7.22	9.6
XCC10 日均降深(m/d)	/	0.350	0.167	0.106	0.088	0.067	0.048
XCG152 总降深(m)	0.01	0.08	0.42	0.93	1.8	3.81	6.22
XCG162 总降深(m)	0	0	0	0	0	0.12	0.66

注:XCC10 为最大降深点,XCG152 与 XCC10 距离 500 m,XCG162 与 XCC10 距离 3 250 m。

由计算结果可知,100 d 后双庙乡刘店村—管庄村段降落漏斗中心(XCC10 井)井壁最大水位降深为 S_{max} =9.60 m,该值不及 h(静水位到含水层底板)的 1/3,日下降速率为 0.35~0.048 m,短期取水方案基本可行。井群开采所引起的水位降落漏斗范围较小,中心水位降深较小。降落漏斗呈椭圆状,漏斗中心位于范湖乡秦寺村一带,水位降深大于 5

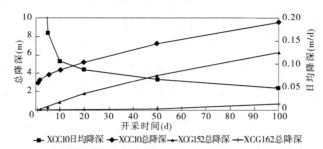

图 7-5　双庙乡刘店村—管庄村段方案 1 水位预报降深历时曲线图

m 的范围 13.16 km²。100 d 开采所引起的降落漏斗呈椭圆状,长轴东西向扩张展布,东北部榆林一带和南部麦岭—汪店一线不受开采影响。故新水源地的开采对周边水源地影响小。

2. 榆林乡—寺台庙村段

榆林乡—寺台庙村段开采井引起降深见表 7-4、图 7-6。

表 7-4　榆林—寺台庙段方案 1 地下水位预报一览表

开采天数(d)	1	2	5	10	20	50	100
XCY04 总降深(m)	3.84	4.31	4.94	5.53	6.35	7.94	9.63
XCY04 日均降深(m/d)	/	0.47	0.21	0.118	0.082	0.053	0.034
XCG184 总降深(m)	0.05	0.19	0.56	1.03	1.75	3.26	4.91
XCG57 总降深(m)	0	0	0	0	0	0.12	0.61

注:XCY04 为最大降深点,XCG184 与 XCY04 距离 350 m,XCG57 与 XCY04 距离 2 750 m。

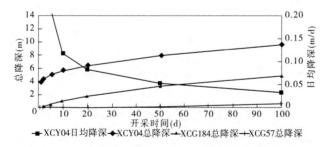

图 7-6　榆林—寺台庙段方案 1 水位预报降深历时曲线图

由计算结果可知,100 d 后榆林—寺台庙段降落漏斗中心(XCY04 井)井壁最大水位降深为 $S_{max}=9.63$ m,该值不及 h(静水位到含水层底板)的 1/3,日下降速率 0.47~0.034 m/d,短期取水方案基本可行。井群开采所引起的水位降落漏斗范围较小,中心水位降深较小。降落漏斗呈椭圆状,漏斗中心位于榆林乡新石庄村一带,水位降深大于 5 m 的范围仅有 3.86 km²。100 d 开采所引起的降落漏斗呈椭圆状,长轴北西—南东向扩张展布,向南至桓坡一带不受开采影响,故井群的开采对周边水源地影响小。

3. 方案 1 应急水源地综述

应急水源地群井开采 100 d 引起降深见图 7-7。在拟建水源地以 5.07 万 m³/d 的开采量开采,100 d应急期内水位的下降状况是可以接受的,且不会引起明显的环境地质问题,可作为紧急状况下的城市供水应急开采。但长期连续开采,会造成浅层水水位急剧下降,这样的水位埋深对漏斗中心区的部分压水井和对口抽水井(井深一般18～35 m)产生影响,可能产生地下水污染、与农业灌溉争水等诸多问题,建议仅作为城市应急水源地。

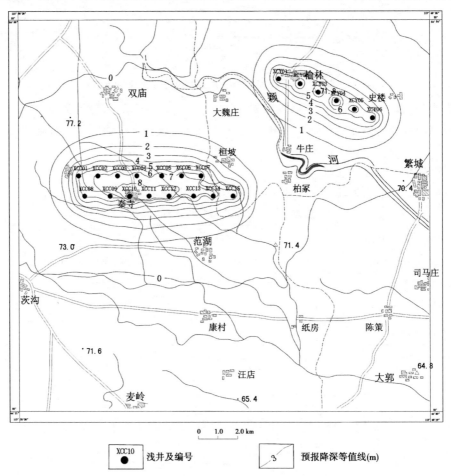

図 7-7　方案 1 水位预报降深等值线图(开采 100 d)

(二)方案 2 开采量计算及评价

此方案设计规划期 200 d,共布开采井 21 眼。其中,双庙乡刘店村—管庄村段布井 15 眼,单井涌水量 2 200 m³/d;榆林乡—寺台庙村段布井 6 眼,单井涌水量 1 700 m³/d,总开采量计 4.32 万 m³/d(1 576.8 万 m³/a)。目前,可解决城区约 63% 人口在特殊时刻的生活用水需求。

方案 2 采用潜水完整井井群干扰非稳定流公式,利用计算机分别计算有关观察点由于拟建水源地开采而引起的降深。由计算结果可知,双庙乡刘店村—管庄村段和榆林乡—寺台庙村段两处水源区相互影响较小。

1. 双庙乡刘店村—管庄村段

双庙乡刘店村—管庄村段开采井引起降深见表 7-5、图 7-8。

表7-5　双庙乡刘店村—管庄村段方案2地下水位预报一览表

开采时间(d)	1	2	5	10	20	50	100	150	200
XCC11 总降深(m)	2.21	2.48	2.84	3.23	3.87	5.37	7.18	8.55	9.66
XCC11 日均降深(m/d)	/	0.27	0.12	0.078	0.064	0.05	0.036	0.027	0.022
XCG101 总降深(m)	0.01	0.07	0.25	0.52	1	2.26	3.91	5.21	6.27
XCG178 总降深(m)	0	0	0	0	0	0	0.03	0.1	0.22

注:XCC11为最大降深点,XCG101与XCC11距离400 m,XCG178与XCC11距离6 000 m。

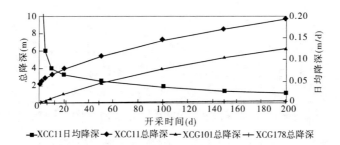

图7-8　双庙乡刘店村—管庄村段方案2地下水位预报降深历时曲线图

由计算结果可知,200 d后双庙乡刘店村—管庄村段降落漏斗中心(XCC11井)井壁最大水位降深为 $S_{max}=9.66$ m,该值不及 h(静水位到含水层底板)的1/3,日下降速率 0.27~0.022 m,短期取水方案基本可行。井群开采所引起的水位降落漏斗范围较小,中心水位降深较小。降落漏斗呈椭圆状,漏斗中心位于范湖乡秦寺村一带,水位降深大于5 m的范围有16.49 km²。200 d开采所引起的降落漏斗呈椭圆状,长轴东西向扩张展布,东北部榆林一带和南部麦岭—汪店一线不受开采影响。故新水源地的开采对周边水源地影响小。

2.榆林乡—寺台庙村段

榆林乡—寺台庙村段开采井引起降深见表7-6、图7-9。

表7-6　榆林—寺台庙段方案2水位预报一览表

开采时间(d)	1	2	5	10	20	50	100	150	200
XCY04 总降深(m)	2.97	3.33	3.82	4.27	4.9	6.14	7.44	8.35	9.06
XCY04 日均降深(m/d)	/	0.36	0.163	0.09	0.063	0.041	0.026	0.018	0.014
XCG184 总降深(m)	0.04	0.15	0.44	0.79	1.35	2.52	3.8	4.7	5.39
XCG57 总降深(m)	0	0	0	0	0	0.09	0.47	0.91	1.33

注:XCY04为最大降深点,XCG184与XCY04距离350 m,XCG57与XCY04距离2 750 m。

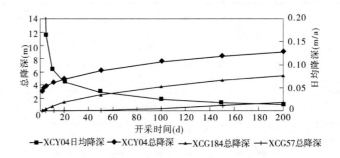

图 7-9　榆林—寺台庙段方案 2 水位预报降深历时曲线图

由计算结果可知,200 d 后榆林—寺台庙段降落漏斗中心(XCY04 井)井壁最大水位降深为 $S_{max} = 9.06$ m,该值不及 h(静水位到含水层底板)的 1/3,日下降速率 0.36 ~ 0.014 m,短期取水方案基本可行。井群开采所引起的水位降落漏斗范围较小,中心水位降深较小。降落漏斗呈椭圆状,漏斗中心位于榆林乡新石庄村一带,水位降深大于 5 m 的范围 1.98 km²。200 d 开采所引起的降落漏斗呈椭圆状,长轴北西—南东向扩张展布,向南至桓坡一带不受开采影响。故开采井群的开采对周边水源地影响小。

3. 方案 2 应急水源地综述

水源地群井开采 200 d 引起降深见图 7-10。在拟建水源地以 4.62 万 m³/d 的开采量,200 d 应急期内水位的下降状况是可以接受的,且不会引起明显的环境地质问题,可作为紧急状况下的城市供水应急开采。但长期连续开采,会造成浅层水水位急剧下降,可能产生地下水污染、与农业灌溉争水等诸多问题,建议仅作为城市应急水源地。

(三)方案 3 开采量计算及评价

此方案设计规划期 400 d,共布设开采井 21 眼。其中,双庙乡刘店村—管庄村段布井 15 眼,单井涌水量 1 800 m³/d;榆林乡—寺台庙村段布井 6 眼,单井涌水量 1 500 m³/d,总开采量计 3.60 万 m³/d(1 314.0 万 m³/a)。可解决目前城区 52% 人口特殊时刻的生活用水需求。

方案 3 采用潜水完整井井群干扰非稳定流公式,利用计算机分别计算有关观察点由于拟建水源地开采而引起的降深。由计算结果可知,双庙乡刘店村—管庄村段和榆林乡—寺台庙村段两处水源区相互影响较小。

1. 双庙乡刘店村—管庄村段

双庙乡刘店村—管庄村段开采井引起降深见表 7-7、图 7-11。

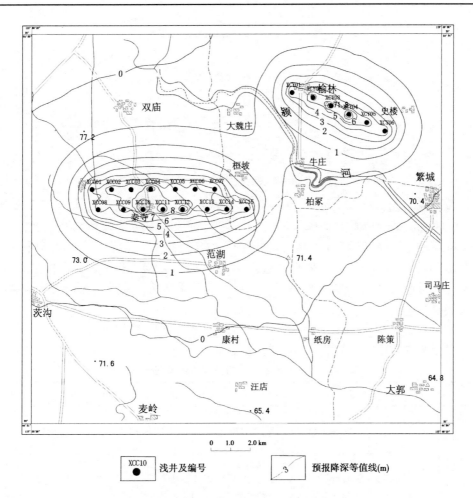

图例：
- ▪● XCC10　浅井及编号
- ／3　预报降深等值线(m)

图 7-10　方案 2 水位预报降深等值线图(开采 200 d)

表 7-7　双庙乡刘店村—管庄村段方案 3 地下水位预报一览表

开采时间(d)	1	2	5	10	20	50	100	150	200	250	300	350	400
XCC11 总降深(m)	1.66	1.86	2.13	2.42	2.9	4.03	5.39	6.42	7.25	7.94	8.54	9.07	9.54
XCC11 日均降深(m/d)	/	0.2	0.09	0.058	0.048	0.037	0.027	0.021	0.016	0.014	0.012	0.011	0.009
XCG101 总降深(m)	0.01	0.05	0.19	0.39	0.75	1.69	2.93	3.91	4.7	5.38	5.96	6.48	6.94
XCG178 总降深(m)	0	0	0	0	0	0	0	0	0	0.02	0.08	0.17	0.28

注：XCC11 为最大降深点，XCG101 与 XCC11 距离 400 m，XCG178 与 XCC11 距离 6 000 m。

由计算结果可知，400 d 后双庙乡刘店村—管庄村段降落漏斗中心(XCC11 井)井壁

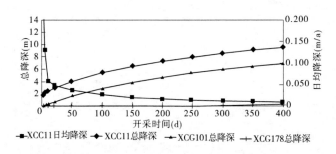

图 7-11　双庙乡刘店村—管庄村段方案 3 水位预报降深历时曲线图

最大水位降深为 $S_{max}=9.54$ m,该值不及 h(静水位到含水层底板)的 1/3,日下降速率 0.20 ~ 0.009 m,短期取水方案基本可行。井群开采所引起的水位降落漏斗范围较小,中心水位降深较小。降落漏斗呈椭圆状,漏斗中心位于范湖乡秦王村一带,水位降深大于 5 m 的范围 21.68 km²。400 d 开采所引起的降落漏斗呈椭圆状,长轴东西向扩张展布,东北部榆林一带影响较小,南部麦岭—汪店一线不受开采影响。故新水源地的开采对周边水源地影响小。

2. 榆林乡—寺台庙村段

榆林乡—寺台庙村段开采井引起降深见表 7-8、图 7-12。

表 7-8　榆林—寺台庙段方案 3 水位预报一览表

开采时间(d)	1	2	5	10	20	50	100	150	200	250	300	350	400
XCY04 总降深(m)	2.75	3.08	3.53	3.96	4.56	5.72	6.94	7.79	8.44	8.97	9.42	9.81	10.2
XCY04 日均降深(m/d)	/	0.33	0.15	0.086	0.06	0.038 67	0.024 4	0.017	0.013	0.010 6	0.009	0.007 8	0.006 8
XCG184 总降深(m)	0.04	0.15	0.42	0.76	1.29	2.4	3.59	4.43	5.08	5.6	6.05	6.43	6.77
XCG56 总降深(m)	0	0	0	0	0	0.01	0.09	0.26	0.47	0.69	0.9	1.11	1.32

注:XCY04 为最大降深点,XCG184 与 XCY04 距离 350 m,XCG56 与 XCY04 距离 4 000 m。

由计算结果可知,400 d 后榆林—寺台庙段降落漏斗中心(XCY04 井)井壁最大水位降深为 $S_{max}=10.2$ m,该值不及 h(静水位到含水层底板)的 1/3,日下降速率 0.33 ~ 0.007 m,短期取水方案基本可行。井群开采所引起的水位降落漏斗范围较小,中心水位降深较小。降落漏斗呈椭圆状,漏斗中心位于榆林乡新石庄村一带,水位降深大于 5 m 的范围 10.16 km²。400 d 开采所引起的降落漏斗呈椭圆状,长轴北西—南东向扩张展布,向南至桓坡一带受开采井群影响较小。

3. 方案 3 应急水源地综述

水源地群井开采 400 d 引起降深见图 7-13。自然状况下水源地范围内浅层地下水水位埋深在 2 ~ 6 m。开采后水位埋深一般 12 ~ 17 m,这样的水位埋深仅对漏斗中心区的部

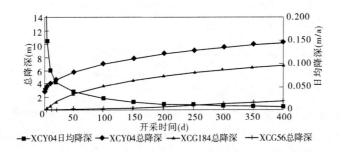

图7-12　榆林—寺台庙段方案3水位预报降深历时曲线图

分压水井和对口抽水井(井深一般18～35 m)产生影响,此外,对周边地质环境影响较小。因此,日开采3.60万 m³/d应急取水方案基本可行。

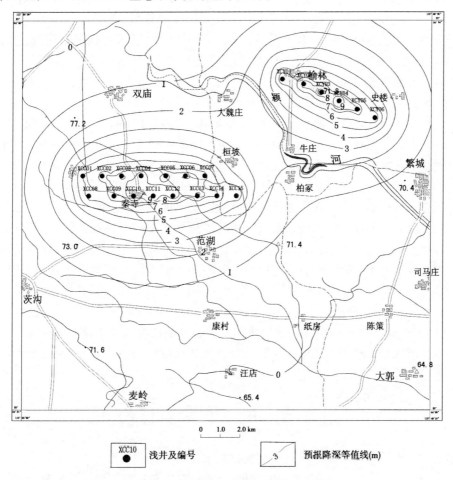

图7-13　方案3水位预报降深等值线图(开采400 d)

综上,上述3个应急取水方案对周边农业灌溉、附近水源地开采地下水影响较小,短期内引发地面沉降、地下水污染等不良地质环境问题的可能性小,可以作为城市应急水源地开发使用。

五、水资源保障程度分析

本次工作受勘察精度、资金及工作周期等所限,未能进行全面、系统的勘探研究工作,因此只能根据邻区已有的供水勘探资料和少数区域性的宏观研究成果,对本次水源地的地下水可开采资源总量进行初步估算。

许昌南部水源地位于应急水源地区内,麦岭水源地位于应急水源地西南部,两水源地均处于汝、颍河冲洪积平原上,水文地质条件基本相近。这里,用水文地质比拟法对该水源地地下水可开采资源总量进行估算。

许昌南部水源地位于汝河故道两个相对富水地段,即榆林—寺台庙富水段和城上—干校富水段。榆林—寺台庙富水段主要含水层埋藏于 25.3 ~ 47.4 m,岩性为砂卵砾石、泥质砂砾石、中粗砂及中细砂,厚度 8.0 ~ 20.6 m。城上—干校富水段主要含水层埋藏于 6.67 ~ 35.43 m,岩性为砂砾石、中粗砂、中细砂及泥质粉细砂,厚度 12.0 ~ 24.28 m。水源地开采目的层主要为 50 m 以上的浅层地下水,确定地下水允许开采资源量 3.0 万 m³/d。该水源地建成后,因与农业生产争水,现停止开采。

麦岭水源地位于北汝河冲洪积扇上,砾卵石厚度大于 50 m,顶板埋深大于 50 m,富含承压水。承压水水位埋深 5 ~ 7 m,单井涌水量 4 000 m³/d,单位涌水量 30 m³/(h·m) 以上。潜水埋深 4 ~ 6 m,单井涌水量 4 000 m³/d,单位涌水量 7 ~ 15 m³/(h·m)。采用梅花形布井方案,井距 700 m,行距 1 000 m,一期工程布井 12 眼,二期新增 33 眼,共布设 45 眼井。通过降落漏斗法和水量均衡法确定的水源地可采资源量为 14 万 m³/d,预测开采 20 年后,中心水位降深 14.5m。该水源地一期已建成投产,平均开采量为 3.55 万 m³/d,产水量和开采水位动态均证明了勘探阶段开采资源评价结果的正确性。

新建水源地位于麦岭水源地东侧,汝、颍河冲洪积扇中部偏前缘部位,含水层厚度趋于变薄,颗粒变细部位,富水性相对麦岭水源地较差。考虑经济合理原则,在避免影响农业供水井开采前提下,该水源地布设井位采用梅花状均匀井,分区段布设浅井,使用解析方法计算出三个取水方案,日开采量 3.60 万 ~ 6.12 万 m³/d(年开采量 11 314.0 万 ~ 22 338.0 万 m³/a),双庙乡刘店村—管庄村段浅层水开采降落漏斗中心井壁最大水位降深 9.54 ~ 9.60 m,榆林—寺台庙段浅层水漏斗中心井壁最大水位降深 9.63 ~ 10.20 m,开采量和水位降深变幅理论上证明地下水可开采资源评价结果基本可靠,说明新水源地地下水开采是有保证的。

第五节　地下水水质评价

本次地下水质量评价工作进行了生活饮用水及工业锅炉用水评价。

根据《生活饮用水卫生标准》(GB 5749—2006)对水源地范围内水样分析结果进行评价,综合分析对比结果可知,个别水样总硬度、锰两项指标超生活饮用水卫生标准,其中总硬度为 463.29 mg/L,超生活饮用水质量标准 0.03 倍,锰为 0.38 mg/L,超生活饮用水质量标准 2.8 倍,其余各项指标均不超生活饮用水标准。此两项指标超标倍数较小,且均为感官性状指标及一般化学性指标,简单处理后可作为良好的生活饮用水。

　　工业锅炉用水评价,水源地 H_0 为 373.79 ~ 385.29,属锅垢多的水;硬垢系数 K_n 在 0.15 ~ 0.30,为具有软沉淀的水及中等沉淀物的水;起泡系数 F 为 107.72 ~ 168.30,属半起泡水;区内大部分为半腐蚀性水。

第八章　平顶山市寺庄应急水源地论证

第一节　研究区水文地质条件

平顶山市位于豫西山地向豫东平原的过渡地带,水文地质条件复杂,其西部、北部为低山或岗地,富水性程度差异性大且整体较差,无集中供水意义。故本次仅论述平顶山市南部平原地区松散岩类孔隙水的水文地质条件。

一、地下水赋存规律

研究区位于沙澧河冲积平原,松散岩类的富水性与它的时代、成因类型关系密切。从黏性土来看,全新统、上更新统为含水层,中更新统为相对隔水层,下更新统为隔水层。冲积的砾石层渗透系数平均值悬殊较大,全新统、上更新统为140 m/d,中更新统为48 m/d,下更系统为13 m/d。

由于沉降作用的不均匀性,自沙河上游到下游,沉降幅度大的地段和沉降幅度小的地段交替出现。沉降幅度大的地段,通常河床相广泛发育,粒度粗,厚度大,往往是平原区的最富水地段。

研究区地形平坦,包气带岩性多为全新统、上更新统粉土,地下水的补给条件好。在一些低洼地带,汇水面积大,常有河流从中穿过,是区内地下水补给条件最好的地段。特别是在开采条件下,含水层系统的补给能力大大增强。

二、含水层组特征及其富水性

根据含水层的空间分布特征及开采条件,下更新统(Q_1)上部有一层稳定连续的黏土层,厚度5～13 m,隔水性能好,故以此为界,以上分为浅层含水岩组,以下至300 m深度内为深层含水岩组。

(一)浅层地下水赋存规律及富水性

研究区位于沙河冲积平原的东部,地势平坦,浅层含水层主要是由沙河中更新世—全新世的冲积物组成。由于距离出山口较远,故沉积物分选性较好。

中更新世含水层组岩性以含卵、砂砾石为主,南薄北厚,南部厚度5 m左右,向北渐厚,寺庄—叶县一线厚度30 m左右,渗透系数39～57 m/d,是区内开采地下水的主要层位之一。

晚更新世及全新世冲积物主要分布在现代河道两侧。砂性土以砂砾石为主,白龟山水库大坝下—双楼厚度大于20 m,其他地方多在5～10 m,渗透系数40～140 m/d。黏性土在叶县及其以东厚度最大,厚约20 m,靠近岗区地带最薄,多小于5 m;其他地方多在10 m左右。由于在成土过程中,根、虫孔的发育,使其含有黏土孔隙水,渗透系数2～12

m/d。

参考《平顶山市水文地质普查和后备水源地详查报告》《河南省平顶山城市地下水超采区评价成果报告》《河南省叶县李村水源地供水水文地质勘查报告》资料,在统一井径($\phi = 200$ mm)和统一降深($S = 5$ m)条件下,将浅层地下水富水性分为四个区(见图 8-1)。

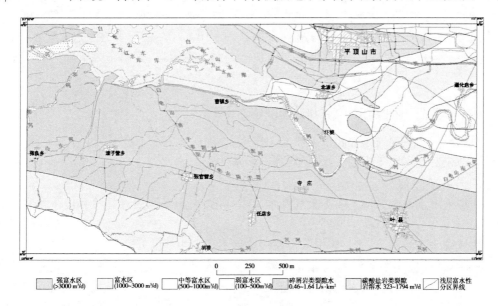

图 8-1　浅层地下水富水性分区图

富水区(单井出水量 > 3 000 m³/a):龟山水库—曹镇乡—周湾—湖村一线以南地区,该区含水层底板埋深多在 50 ~ 80 m,厚度 40 ~ 55 m。含水层岩性以中更新统的砂卵石、砂砾石、中粗砂为主,颗粒较粗,泥质含量低,孔隙发育,导水和透水能力强,含水层厚度大。砂性土渗透系数 29 ~ 45 m/d。地下水位埋深 4 ~ 6 m。包气带岩性主要为全新统、上更新统的粉土、粉质黏土和粉细中砂,结构松散,渗透系数 10 ~ 40 m/d。区内地势平坦,有利于大气降水入渗补给。

中等富水区(单井出水量 1 000 ~ 3 000 m³/a):在区内呈带状分布,主要分布在油坊头—小营—张寨一线、温庄—史堂一线和留庄—井泉—胡楼以南,该区含水层底板埋深 30 ~ 60 m,埋藏较浅。砂性土岩性以中更新统和下更新统的泥质粗砂砾石为主,松散状,颗粒较粗,泥质含量稍高,孔隙发育,含水层透水和导水能力较好,砂层厚度较小是水量偏小的主要原因。砂性土渗透系数一般 20 ~ 40 m/d。

弱富水区(单井出水量 500 ~ 1 000 m³/a):主要分布在魏寨—叶寨一带,该区是沙河堆积时期的岛状地块,堆积厚度在 5 m 左右,且多为粉细砂,导水系数小于 500 m²/d,是地下水赋存条件较差的地段。

贫水区(单井出水量 < 500 m³/a):该区主要分布在北部基岩出露区,含水层富水性差。

(二)深层地下水赋存规律及富水性

本区深层地下水赋存条件及特征,前人研究程度不高,本次论证也不是研究重点。只是依据《1:10 万平顶山市水文地质普查与后备水源地》和《河南省叶县李村水源地供水水文地质勘查报告》,对深层水文地质条件做一简要说明。

深层含水层岩性主要为下更新统冰水堆积形成的棕红、灰绿、灰白色的泥质粉细砂、泥质砂砾石、泥质砂卵石。其总厚度介于 30~95 m,部分地方可达 100 m。砂性土泥质含量较高,局部呈半胶结状态,含水层透水、导水能力较差。泥质砂砾石含水层渗透系数介于 5~9 m/d,泥质砂卵石含水层渗透系数介于 10~16 m/d。地下水类型为孔隙承压水。

浅层含水层与深层含水层之间有厚度稳定的黏土隔水层,天然条件下水力联系不密切。

三、地下水的补给、径流、排泄条件

根据本区水文地质条件和以往研究工作程度,深层地下水不是本次工作的研究重点,因此本节仅对浅层地下水的补给、径流和排泄条件做论述。

(一)补给

浅层地下水补给来源主要为大气降水入渗补给,次为灌溉回渗补给和地下水径流补给。

大气降水入渗补给:大气降水入渗是浅层地下水最主要的补给来源,其补给量大小与地形地貌条件、包气带岩性、地下水位埋深、降水强度和植被发育情况有关。勘查区内地形平坦,地表径流不发育,农作物分布面积广;包气带岩性主要为全新统和上更新统的粉土、粉质黏土和粉细砂,时代新,结构松散,孔隙和垂直裂隙发育,入渗条件较好。

灌溉回渗补给:灌溉回渗包括井灌和渠灌,分布区面积大,机民井井深大多数为 20~30 m,水利化程度较高,因此灌溉回渗量较大。

地下水径流补给:地下水径流也是浅层地下水的重要补给来源之一。本区主要来自西部地下水径流补给。

(二)径流

区内地下水径流方向总体上与地形倾向基本一致,即由西部向东、东南、东北方向径流。

(三)排泄

区内浅层地下水排泄主要有蒸发、人工开采和地下水径流排泄。其中蒸发排泄主要集中在地下水水位埋藏较浅区,有利于潜水蒸发;人工开采集中在郊区及广大农村,是本区浅层地下水主要的排泄方式;在东北、东南及东部边界区域,地下水通过径流向下游排泄。

四、地下水动态特征

浅层地下水动态是综合补给量与消耗量均衡关系的客观反映。本区地下水位动态受自然因素(降水、蒸发和径流)和人为因素(开采、灌溉)的控制。根据地下水位长观动态资料,区内浅层地下水可分为径流—开采型和降水入渗—蒸发·开采型两种基本类型。

径流—开采型:主要分布于部分集中开采地带,该区入渗条件差,降水入渗量受到限制,主要接受西部降水入渗补给所产生的浅层地下水径流补给。一般降水对地下水位影响不大,只有降水强度适中、历时长,才使地下水位有明显回升;同时该地带地下水常年开采量较大,地下水径流运动加强,改变了天然流场,径流补给量增大。

降水入渗—蒸发·开采型:分布于区内广大农村地区。包气带岩性主要为全新统(Q_4)和上更新统(Q_3)的粉土、粉细砂与粉质黏土,降水入渗直接影响地下水位抬升,地下水缓慢由西向东径流。水位埋深较浅,一般 2 ~ 5 m,潜水蒸发量较大;同时,农业灌溉开采井遍布全区,造成地下水位明显区域性下降。

五、地下水水化学类型及水质特征

(一)地下水水化学类型及分布规律

根据取样分析结果,按舒卡列夫分类原则进行分类,地下水化学类型大部分为 HCO_3—Ca 型水,个别地方为 HCO_3—$Ca·Mg$ 型水。

区内地下水主要接受大气降水入渗补给及侧向补给,水交替强烈,水化学类型简单。区内地下水化学类型阴离子以重碳酸根为主,氯离子次之;阳离子以钙离子为主,钠、镁离子次之。

(二)地下水水质特征

区内浅层地下水水质总体较差,超标因子主要为总硬度、铁和硝酸根,适当处理后可作为生活饮用水。

第二节　水资源开发利用状况及其诱发的环境地质问题

一、地下水开采历史

地下水作为平顶山市供水开采始于 20 世纪 50 年代后期,地下水大量开采是 20 世纪 70 年代,以开采潜水为主。先后建立了油坊头、梁李、莲花盆、张寨、小营五个水源地,开采量达 8.95 万 m³/d;自备井水源地有树脂厂、造纸厂、绢纺厂、火车站等,开采量达 4.57 万 m³/d;农业开采量(含大牲畜饮用水量)为 1.55 万 m³/d,总开采量逾 15.07 万 m³/d。

二、地下水开采现状

目前,平顶山市城市供水为地表水和浅层地下水联合供水,现有白龟山、周庄、光明路和九里山水厂等四座大中型水厂,总日供水能力 50.6 万 m³。其中,地表水:白龟山水厂设计日供水能力 22.2 万 m³,九里山水厂设计日供水能力 20 万 m³;地下水:周庄水厂、光明路水厂共 31 眼深井,设计日供水能力 8.4 万 m³。

三、地下水开采诱发的地质环境问题

根据平顶山城市超采区评价报告:1996 年以前,在树脂厂、造纸厂、绢纺厂、火车站等自备井水源地集中地带,由于长期过量开采地下水,形成了水位下降漏斗,造成了地下水资源超采、地下水位下降等环境地质问题;1997 年以后政府下大力气关闭了大部分自备井,地下水开采量逐渐减少,降落漏斗范围逐渐减小。现在城市供水以地表水为主,基本

不存在开采地下水诱发的环境地质问题。

第三节　寺庄应急地下水源地的优选确定

一、应急水源地的确定

根据研究区水文地质条件及地下水资源开发利用状况,结合平顶山市城市发展规划,对平顶山市应急地下水水源地进行了优选确定。

研究区位于沙河冲积平原,中新世以来,沉积物主要为呈二元结构的冲积物,其中中更新世含水层组分布面积广,沉积厚度大,为区内最主要的含水层组。其含水砂层厚度总体上南薄北厚,南部厚度 5 m 左右,向北渐厚,寺庄—叶县一线是中更新世槽地沉降中心,砂层厚度达 30 m 左右,含水层岩性以含卵、砂砾石为主,颗粒粗大,其导水和透水能力极强,为强富水区,资源量丰富。

研究区目前城市供水以地表水——白龟山水库及九里山水厂为主,地下水开采量较小,地下水集中供水水源地主要分布在市区及沙河北岸。

依据《平顶山市城市总体发展规划(2010—2020)》,主城区的发展规划为东西两轴向发展。根据研究区地形地貌、水文地质条件、平顶山市地下水源地分布现状及城市总体发展规划,综合考虑选取寺庄至郑庄一带为平顶山市应急水源地靶区(见图 8-2),地理位置位于东经 113°13′~113°20′、北纬 33°35′~33°40′,面积约 70 km²。本次水源地位置的选择与白龟山水库大坝有一定的距离,避免了地下水水位下降后引起潜蚀作用,造成管涌等不良工程地质现象;该位置既有利于区域地下水的补给,也利于大气降水和地表水的补给;区内含水层厚度大且导水性能好,适宜小范围的集中开采,并获得较大的单井涌水量,从而节约建设费用。所以本次水源地的选择为区内最优选择。

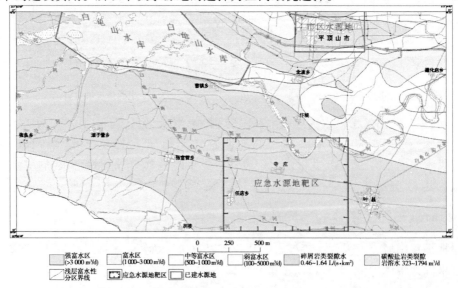

图 8-2　后备水源地选址示意图

二、应急水源地水文地质概况

本次所选择的应急水源地位于沙河南岸,含水层底板埋深 50 ~ 80 m,含水层厚度 40 ~ 55 m。本区含水层底板埋深和厚度比邻近区域大,一般由 2 ~ 7 层砂组成。

区内是中更新世槽地沉降中心地带。含水层岩性以中更新统的砂卵石、砂砾石、中粗砂为主,颗粒较粗,泥质含量低,孔隙发育,透水和导水能力强,砂性土渗透系数 29 ~ 45 m/d,为强富水区。地下水水位埋藏深度 4 ~ 6 m。包气带岩性主要为全新统、上更新统的粉土、粉质黏土和粉细中砂,时代较新,结构松散,渗透系数 10 ~ 40 m/d,且地势平坦,有利于大气降水入渗补给。地下水化学类型简单,以 HCO_3—Ca 型水为主。

区内浅层地下水补给来源主要为大气降水入渗补给,次为灌溉回渗补给和地下水径流补给。浅层地下水流向总体上与地形倾向基本一致,由西部向东、东南、东北方向径流。区内地形平坦,浅层地下水径流速度比较缓慢,水力坡度一般介于 0.1‰ ~ 1‰。浅层地下水排泄方式有三种:蒸发、人工开采和地下水径流排泄。

第四节　地下水可开采资源量概算及评价

一、地下水资源评价原则与方法

(1)依据水文地质条件,在经济上合理、技术上可行,并且在整个开采期间动水位不会超过设计降深,水质和水温在允许变化范围内,不影响已建水源地的开采,不发生水质恶化及不良环境地质问题的前提下,从含水层获取地下水量。

(2)结合工作目的任务,拟采用解析法对本次地下水可开采资源量进行计算及评价。

二、边界条件的概化

拟建水源地位于沙河南侧,属于沙河冲积平原,岩性为中更新统的砂砾石、砂卵石、中粗砂为主,颗粒较粗,泥质含量较低,孔隙发育,透水和导水能力强,含水层厚度较大,含水层底板埋深大多在 50 ~ 80 m,厚度 40 ~ 55 m,分布稳定,为强富水区。

水源地建成后,在特殊时期进行地下水的大规模集中开采,必然会产生井间干扰,形成区域性的降落漏斗,因此本次开采方案采用潜水完整井干扰井群法计算地下水允许开采量较合适。

计算区水文地质条件概化:

(1)计算区砂层水平,含水层厚度 40 ~ 55 m,可视为含水层底板水平、等厚;

(2)开采井都布置在强富水区中,故含水层概化为均质、各向同性;

(3)区内浅层地下水和深层地下水之间有连续、分布稳定的黏土隔水层存在,不考虑两者之间的越流补给;

(4)为了加强水源地水量的保证程度,本次计算不考虑河流的侧向补给,即本区概化为无限均质潜水含水层。

三、计算参数的选择

本次水文地质参数的选择在充分考虑区域水文地质条件的基础上,水文地质参数选择如下:$T = 1\ 000\ m^2/d$,$\mu = 0.045$,$K = 20\ m/d$。

四、布井方案的确定

本次应急水源地的布井方案和单井涌水量的确定,在充分考虑水文地质条件、某些特殊干旱时期、集中水源地供水不足或水质污染情况下,短时期、强化开采地下水以满足城市用水需求。

综合考虑以上因素,本次设计井深 80 m,井间距 800 m,布设 2 排,排间距 1 000 m,共布井 18 眼,单井涌水量根据不同应急天数情况下设计,本次根据区内水文地质条件、含水层厚度、水泵的抽水能力等因素,设计不同应急天数条件下中心水位最大降深不能超过 11 m,在此基础上计算最大单井涌水量。应急水源地建成后,进行地下水的大规模集中开采,必然会产生井间的相互干扰,形成区域性的降落漏斗。因此,采用干扰井群法计算地下水的允许开采量。

方案 1 应急开采 100 d:

根据干扰井群法选取不同流量下中心水位的最大降深,最终优选单井涌水量为 4 000 m³/d,总计 7.2 万 m³/d,100 d 后中心水位最大降深为 10.57 m。

方案 2 应急开采 200 d:

根据干扰井群法选取不同流量下中心水位的最大降深,最终优选单井涌水量为 3 000 m³/d,总计 5.4 万 m³/d,200 d 后中心水位最大降深为 10.03 m。

方案 3 应急开采 400 d:

根据干扰井群法选取不同流量下中心水位的最大降深,最终优选单井涌水量为 2 500 m³/d,总计 4.5 万 m³/d,400 d 后中心水位最大降深为 10.41 m(见表 8-1)。

表 8-1 不同开采方案下中心水位的最大降深

开采方案	应急开采 100 d (7.2 万 m³/d)	应急开采 200 d (5.4 万 m³/d)	应急开采 400 d (4.5 万 m³/d)
末期中心水位最大降深(m)	10.57	10.03	10.41

五、开采量计算及评价

方案 1 应急开采 100 d,日供水量 7.2 万 m³,据本次实地调查统计,平顶山市主城区人口约为 102 万人,按城市生活用水 100 L/(人·d)计,则居民生活需水量约为 10.2 万 m³/d,故新水源地应急可开采资源量可解决特殊时期 71% 城区人口的生活用水需求。

采用无限含水层潜水泰斯公式进行计算,利用计算机分别计算有关观测点由于拟建水源地开采而引起的降深。预测观测点和中心水位变化情况见表 8-2、图 8-3。

表 8-2　应急水源地水位预报一览表

开采天数(d)	4	10	20	50	100
ZK5 总降深(m)	5.26	5.73	6.54	8.40	10.57
ZK82 总降深(m)	0.01	0.10	0.38	1.43	3.05
ZK100 总降深(m)	0	0.01	0.05	0.29	0.80

注:ZK5 为最大降深点,ZK82 与 ZK5 距离 1 020 m,ZK100 与 ZK5 距离 5 200 m,下同

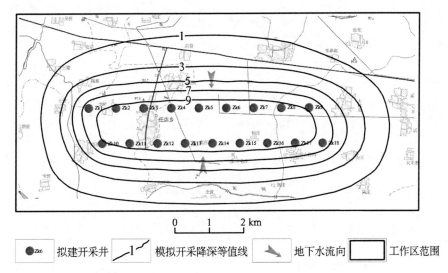

●ZK6 拟建开采井　／—1 模拟开采降深等值线　↘ 地下水流向　▢ 工作区范围

图 8-3　应急水源地干扰井群法模拟开采地下水位降深等值线图(100 d 末)

方案 2　应急开采 200 d,日供水量 5.4 万 m^3,可解决平顶山城区特殊时期约 53% 人口的生活供水需求。预测观测点和中心水位变化情况见表 8-3,水源地干扰井群法模拟开采地下水位降深等值线见图 8-4。

表 8-3　应急水源地水位预报一览表

开采天数(d)	4	10	20	50	100	150	200
ZK5 总降深(m)	3.94	4.29	4.89	6.28	7.91	9.10	10.03
ZK82 总降深(m)	0.01	0.07	0.28	1.07	2.28	3.27	4.09
ZK100 总降深(m)	0	0	0.03	0.21	0.60	0.98	1.35

方案 3　应急开采 400 d,日供水量 4.5 万 m^3,可解决平顶山城区特殊时期约 44% 人口的生活供水需求。预测观测点和中心水位变化情况见表 8-4,水源地干扰井群法模拟开采地下水位降深等值线见图 8-5。

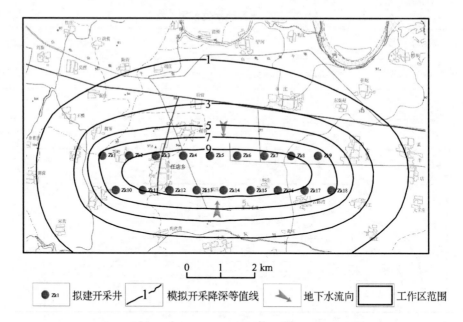

0　　　1　　　2 km

● Zk1　拟建开采井　／1⌒　模拟开采降深等值线　　地下水流向　□　工作区范围

图 8-4　应急水源地干扰井群法模拟开采地下水位降深等值线图(200 d 末)

表 8-4　应急水源地水位预报一览表

开采天数(d)	4	10	20	50	100	150	200	250	300	350	400
ZK5 总降深(m)	3.28	3.57	4.07	5.23	6.59	7.57	8.35	8.98	9.52	9.99	10.41
ZK82 总降深(m)	0	0.01	0.06	0.24	0.89	1.90	3.40	3.98	4.48	4.91	5.30
ZK100 总降深(m)	0	0	0.03	0.18	0.50	0.82	1.12	1.41	1.68	1.94	2.18

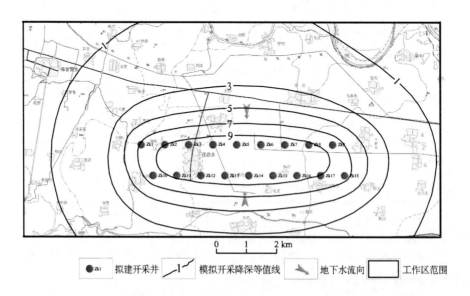

0　　　1　　　2 km

● Zk1　拟建开采井　／1⌒　模拟开采降深等值线　　地下水流向　□　工作区范围

图 8-5　应急水源地干扰井群法模拟开采地下水位降深等值线图(400 d 末)

由以上水位预测结果可知,3 种不同开采方案条件下末期中心水位降深均没有超过限制值,因此 3 种开采方案条件下设计计算的最大单井涌水量是合理的。

综上所述,本次应急水源地为平顶山城市供水服务,拟建水源地以 100 d、200 d 和 400 d 应急方案开采,对应开采量为 7.2 万 m^3/d、5.4 万 m^3/d、4.5 万 m^3/d,开采量较大,为保证地下水正常、连续开采,枯季或枯水年份可运用一部分地下水储存量,在丰水期得到补偿,达到以"以丰补欠"的目的。

六、水资源保障程度分析

本次平顶山应急水源地资源量的计算在较全面收集区域前人资料的基础上综合分析,水文地质参数的选取依据《河南省叶县李村水源地供水水文地质勘查报告》和《河南省平顶山市水文地质普查与后备水源地详查》反复论证,最终取得了符合本次计算的水文地质参数。

本次允许开采量的取值计算根据供水目的,在给定开采约束条件(允许降深值)的基础上进行,根据区内水文地质条件及开采特点,本次计算采用干扰井群法,模型的建立符合区内实际水文地质条件,最终取得相对合理并且满足约束条件的计算结果。本次计算未考虑特殊时期不同开采条件下沙河的侧向补给,水量保证程度高。

综上所述,本次资源量计算含水层水文地质参数取值合理,水文地质条件概化合理,所建数学模型适合区内实际情况,所选干扰井群法计算正确,因此本次资源量保证程度较高,满足相关规范和要求。

第五节　地下水水质评价

根据本次在水源地范围内所取水样的水质化验结果,对水源地内水质进行生活饮用水和工业锅炉用水评价。

根据《生活饮用水卫生标准》(GB 5749—2006),结合本次工作对水源地范围内水样分析报告,综合分析对比结果可知,除总硬度外,其余完全符合《生活饮用水卫生标准》,稍做处理,可作为良好的生活饮用水。

工业锅炉用水评价结果,水源地内浅层地下水 H_0 为 486,属锅垢多的水;硬垢系数 K_n 为 0.21,为具有软沉淀物的水;起泡系数 F 为 66.99,属半起泡的水;区内地下水属非腐蚀性水。

第九章　漯河市拦河潘应急水源地论证

第一节　研究区水文地质条件

一、地下水赋存特征及分布规律

据已有资料分析研究区含水层的埋藏条件、分布规律及成因类型等,可划分出两个含水层系统,即浅层含水层系统和中深层含水层系统。中更新统顶部遍布厚度 10 ~ 60 m 的粉质黏土、粉土,研究区南部厚 50 ~ 60 m,北部 10 ~ 20 m,可作浅、中深层地下水的相对隔水边界(召陵岗地区除外)。此边界以上为浅层含水层,以下为中深层含水层。浅层地下水含水介质主要由上更新统及全新统的粉土、粉质黏土及各种粒级的砂组成,地下水具潜水性质,浅层含水层底板埋深 15 ~ 45 m。中深层地下水的含水介质主要由中更新统及下更新统(上段)各种粒级的砂及砂砾石组成,地下水具有承压性质,隔水底板埋深为 120 ~ 180 m,为一层分布稳定、厚度 15 ~ 20 m 的下更新统黏土或粉质黏土层。召陵岗地区以下更新统上段覆盖的黏土、粉质黏土为相对隔水边界,此边界以上为浅层含水层,以下为中深层含水层。浅层地下水的含水介质主要是中更新统粉质黏土,中深层地下水的含水介质为下更新统各种粒级的砂及砂砾石。

二、浅层含水层组赋存条件及补给、径流、排泄条件

(一)浅层地下水赋存条件及含水层富水性

浅层含水层由各粒级的砂层及粉土、粉质黏土组成,西部及南部底板埋深为 15 ~ 25 m,向东北逐渐变深达 45 m。研究区内西北部王店—十五里店、西南观西刘—空冢郭及南部人和一带及东部召陵岗地区无砂层,分布区多为粉土和粉质黏土,为浅层地下水主要含水层;砂层主要分布在研究区大吴庄—郾城—漯河,中北部孟庙、拦河潘一带及东南部后谢附近,沙河以南多呈东西向延伸,沙河以北呈北东向延伸,东北部地区又转为东西向延伸,厚度变化大,最薄 0.5 m,最厚为拦河潘一带,达 36.25 m,总趋势由南向北厚度增大,沙澧河河间地块大吴庄附近及东北拦河潘一带砂层厚度大且分布稳定,其他地区由于河流改道频繁,厚度变化不稳定。砂层发育层次多为 1 层,少数 2 层,个别达 4 ~ 5 层。以粉细砂、细砂分布为最广,局部有中细砂,沙河北局部地区见有砂砾石层,构成浅层地下水主要含水层。

根据富水程度可分为三个区,即富水区、中等富水区及弱富水区,其分布见图 9-1。

1. 强富水区(单井涌水量 3 000 ~ 4 000 m³/d)

强富水区分布于研究区北部李集乡—黑龙潭乡一带,为南北古河道交汇地带,面积约 116.84 km²,占研究区面积的 21.47 %。含水层岩性为上更新统的粉细砂、细砂及粉土。

砂层底板埋深 40~45 m,总厚度为 10~20 m。导水系数为 800~1 000 m²/d。水位埋深 2~4 m,单井涌水量 3 000~4 000 m³/d。地下水化学类型为 HCO₃—Ca·Mg、Cl· HCO₃—Ca·Na、HCO₃—Ca·Na·Mg 型水,溶解性总固体为 0.60~1.71 g/L。现由于三水厂的开采,漏斗中心水位埋深大于 10 m。

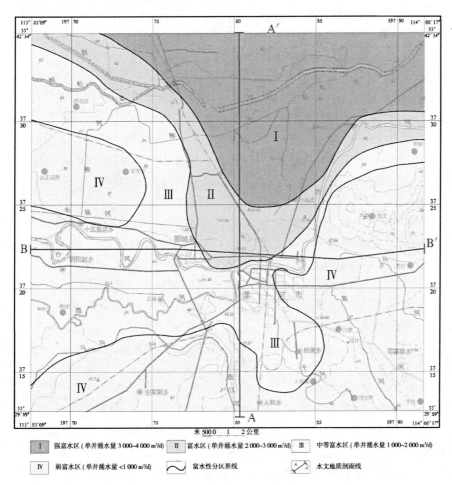

图 9-1　漯河市研究区浅层地下水富水性分区图

2. 富水区(单井涌水量 2 000~3 000 m³/d)

富水区分布于小李庄—五里庙—大陈庄带状地区,面积约 66.57 km²,占研究区面积的 12.23%。颍河经过该区,地表水与地下水联系密切。含水层岩性为上更新统的粉细砂、细砂及粉土组成。砂层底板埋深 30~40 m,厚度 5~10 m,沙澧河之间大于 15 m。导水系数为北部 600~800 m²/d,西部为 300~500 m²/d。水位埋深北部、西部 2~4 m,东部 5~6 m。单井涌水量 2 000~3 000 m³/d。地下水化学类型为 HCO₃—Na·Mg·Ca、HCO₃—Ca·Mg、HCO₃·Cl—Ca·Mg 型,溶解性总固体为 0.48~1.00 g/L。

3. 中等富水区(单井涌水量 1 000~2 000 m³/d)

中等富水区分布于西刘庄、沙河与澧河两岸及河间地带、漯河市、后谢乡等地,面积约

170.04 km^2,占研究区面积的 31.25%。沙河、澧河经过该区,地表水与地下水联系密切。含水层岩性为上更新统的泥质细砂、细砂、粉细砂及粉土组成。砂层底板埋深 30~40 m,厚度 5~10 m,沙澧河之间大于 15 m。导水系数西部为 300~500 m^2/d、南及东南部 400~500 m^2/d。水位埋深北部、西部 2~4 m,东部 5~6 m。单井涌水量 1 000~2 000 m^3/d。地下水化学类型为 HCO$_3$—Na·Mg·Ca、HCO$_3$—Ca·Mg、HCO$_3$·Cl—Ca·Mg 型,溶解性总固体为 0.45~1.00 g/L。

4.弱富水区(单井涌水量<1 000 m^3/d)

弱富水区分布于研究区西部的老翟—老庙赵,东部、南部空冢郭—人和—邓襄一带,以及东部召陵岗地区,面积约 190.73 km^2,占研究区面积的 35.05%。含水层岩性为上更新统的粉土(召陵岗为中更新统粉质黏土)组成。总厚度为 15~20 m(召陵岗厚 30 m 左右)。导水系数为 200~300 m^2/d。水位埋深西北部 3~4 m,南部 4~5 m,东部 6~10 m,漏斗中心埋深超过 10 m。单井涌水量<1 000 m^3/d。地下水化学类型为 HCO$_3$—Na·Mg·Ca、HCO$_3$—Ca·Mg、HCO$_3$·Cl—Ca·Mg 型水,溶解性总固体为西部 0.40~0.80 g/L、东部 1.00~1.40 g/L。

(二)浅层地下水的补给、径流、排泄

本区浅层地下水补给来源主要有大气降水入渗补给、井灌回渗补给、地表水灌溉回渗补给、河流侧渗补给和径流补给。

浅层地下水以垂直交替运动为主,水平径流较弱。测区北部地下水流向自东北向西南,西南部自东向西,召陵岗西部半截塔至漯河市区水位较低,形成降落漏斗。沙澧河常年排泄地下水(市区北部沙河南岸补给地下水),局部改变了径流方向。

按照排泄方式,浅层地下水的排泄主要有生活开采、农业灌溉开采、工业开采、蒸发、河流排泄、径流排泄等。

(三)浅层地下水水位动态

研究区地下水水位的动态变化除受自然因素(降水、蒸发)影响外,还受人为因素(开采、灌溉等)的控制。因此,地下水动态是综合补给量与综合消耗量均衡的客观反映。

1.年内浅层地下水水位动态变化

根据区内浅层地下水动态观测资料,分出四种动态类型,即入渗—蒸发型、降水入渗—蒸发开采型、降水入渗—开采型和降水入渗—径流型。

(1)入渗—蒸发型。主要分布在沙河以北即研究区的东北部地带,地下水开采水平低,因此常年地下水位埋深小于 4 m。2 月底 3 月初由于麦田灌溉,地下水明显上升,随后降水偏小,蒸发增大引起水位下降;7、8 月由于汛期降水量大,水位大幅度上升,9 月以后降水减少,蒸发引起水位缓慢下降。

(2)降水入渗—蒸发开采型。该类型在研究区分布较广,该区水利化程度较高,农业开采量较大。因此,枯水季节水位埋深均大于 4~6 m;5~6 月由于开采量增大,水位埋深最深;7~8 月由于汛期降水量增大,水位迅速上升达 2 m 左右;9 月以后由于蒸发水位又缓慢下降。

(3)降水入渗—开采型。主要分布在市区。由于城市供水常年地下水位埋深在 6 m以下,7~8 月由于汛期降水量增大,水位上升。但在时间上有滞后现象。

（4）降水入渗—径流型。分布在傍河地带。由于河水常年排泄地下水,当河水位上涨幅度较小时,河水位的升降对地下水无明显的影响,当7~8月汛期河水位大幅度上升时,阻滞地下水的排泄还要进行反补,地下水位也明显上升。由于河岸组成岩性的不同。地下水位升降在时间上有一个滞后现象。

2.浅层地下水多年动态变化

由浅层地下水水位动态观测资料的年平均值多年变化与年降水量多年变化曲线图(见图9-2)可以看出:降水量偏高的年份,浅层地下水位也随着升高;降水量偏低的年份,浅层地下水位也随着下降。

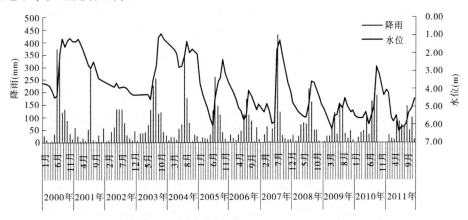

图9-2　漯河市研究区历年降水量与平均水位埋深动态曲线

(四)浅层地下水化学特征及水质特征

1.地下水化学特征

研究区浅层地下水可分为 HCO_3—$Na·Mg·Ca$、HCO_3—$Ca·Mg$、$HCO_3·Cl$—$Ca·Mg$、$Cl·HCO_3$—$Ca·Na$、$HCO_3·SO_4$—$Ca·Na$ 五个类型。

HCO_3—$Na·Mg·Ca$ 型水分布于孟庙乡东部西刘庄—安春王,矿化度为 0.3~0.45 g/L。

HCO_3—$Ca·Mg$ 型水分布于研究区大部,矿化度为 0.5~0.9 g/L。

$HCO_3·Cl$—$Ca·Mg$ 型水片状分布于漯河市北部半截塔南、郾城县南古城乡、邓襄寨南一带,矿化度一般为 0.50~1.00 g/L。

$Cl·HCO_3$—$Ca·Na$ 型水分布于颍河北瓦屋赵,矿化度为 1.0~1.7 g/L。

$HCO_3·SO_4$—$Ca·Na$ 型水分布于孟庙乡东部绰子张一带,矿化度为 0.50~0.66 g/L。

2.地下水水质评价

评价标准为《生活饮用水卫生标准》(GB 5749—2006)。评价分为三级。浅层地下水水质较差,以不适宜饮用水为主,其次为基本适宜饮用水、不适宜饮用水,超标因子主要为总硬度、溶解性总固体、硫酸根、氯离子、锰、阴离子合成洗涤剂、硝酸根、氟、铅;基本适宜饮用水超标因子主要为总硬度、溶解性总固体、铁、锰。

三、中深层含水层组赋存规律及补给、径流、排泄条件

(一)中深层地下水赋存条件及含水层富水性

中深层含水层主要由中、下更新统古水流沉积各粒级的砂及砂砾石组成。含水砂层顶板埋深在45~105 m,沙河以南顶板埋深在80 m以下,沙河以北顶板埋深在45 m以下,孟庙乡一带在60m左右;由于构造及古水流影响,英张—五里庙—半截塔一线向南至沙河一线之间,底板埋深120~140 m,似一分水岭,向南逐渐变深达150 m,向北深达180余m。含水砂层包括中细砂、中砂、粗中砂、含砾中粗砂及粉砂,分选性差,局部含泥质,尤其是下更新统泥质含量较高。沙河以南砂砾石层厚度多在30~40 m,最厚可达59 m,最薄18 m;沙河以北至英张—五里庙—半截塔一带之间,厚度多在30 m左右,最厚40 m;英张—五里庙—半截塔以北,厚度多在40 m以上,最厚达83.95 m。

根据富水程度可分为五个区,即极强富水区、强富水区、富水区、中等富水区及弱富水区,其分布见图9-3,分述如下。

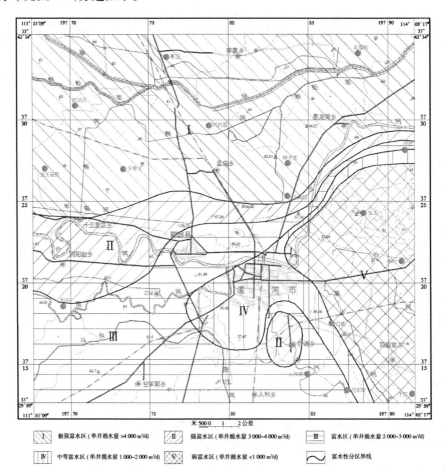

图9-3　漯河市研究区中深层地下水富水性分区

1. 极强富水区(单井涌水量 >4 000 m³/d)

极强富水区分布于研究区北部的西刘庄—孟庙乡—黑龙潭乡等地,面积约 227.47 km²,占研究区面积的 41.80 %。含水层为粗中砂、泥质粗中砂、中砂、含砾粗砂、中细砂等,厚度 40 ~ 80 m,拦河潘附近达到 83 m。导水系数为 500 ~ 750 m²/d。压力水头埋深约 5.5 m 左右。单井涌水量 >4 000 m³/d。地下水化学类型为 HCO₃—Na·Mg·Ca、HCO₃·SO₄—Ca·Na 型,溶解性总固体为 0.48 ~ 0.70 g/L,开采量较小。

2. 强富水区(单井涌水量 3 000 ~ 4 000 m³/d)

强富水区分布于研究区中部、东北部阴阳赵乡—半截塔南、后谢乡,呈带状、片状分布,面积约 65.41 km²,占研究区面积的 12.02 %。含水砂层厚度 30 ~ 50 m。导水系数为 250 ~ 500 m²/d,压力水头埋深 14 m 左右,后谢附近 16.5 m。单井涌水量 3 000 ~ 4 000 m³/d。地下水化学类型为 HCO₃—Na·Mg·Ca、HCO₃—Ca·Mg 型,溶解性总固体为 0.40 ~ 0.50 g/L,开采量较大。

3. 富水区(单井涌水量 2 000 ~ 3 000 m³/d)

富水区分布于研究区南部的郾城县—空冢郭—后谢乡一带,面积约 130.32 km²,占研究区面积的 23.95 %。砂层厚度一般 20 ~ 30 m,水位埋深 10 ~ 40 m。导水系数为 150 ~ 250 m²/d。单井涌水量 2 000 ~ 3 000 m³/d。地下水化学类型为 HCO₃—Na·Mg·Ca 型,溶解性总固体一般 <0.5 g/L,开采量较大。

4. 中等富水区(单井涌水量 1 000 ~ 2 000 m³/d)

中等富水区分布于研究区东部的漯河市一带,面积约 42.64 km²,占研究区面积的 7.84%。砂层厚度一般 20 ~ 30 m,水位埋深 10 ~ 40 m。导水系数为 150 ~ 250 m²/d。单井涌水量 1 000 ~ 2 000 m³/d。地下水化学类型为 HCO₃—Na·Mg·Ca、Cl·HCO₃—Ca·Na 型,溶解性总固体一般 <1 g/L,开采量小。

5. 弱富水区(单井涌水量 <1 000 m³/d)

弱富水区分布于研究区东部的召陵岗、邓襄寨乡一带,面积约 78.34 km²,占研究区面积的 14.39%。砂层厚度一般 10 ~ 20 m,水位埋深 10 ~ 40 m。导水系数 <100 m²/d。单井涌水量 <1 000 m³/d。地下水化学类型为 HCO₃—Na·Mg·Ca 型,溶解性总固体一般 <1 g/L,开采量小。

(二)中深层地下水的补给、径流、排泄

中深层地下水的补给、径流、排泄条件如下:

中深层地下水的补给:来源主要是侧向径流补给。径流补给量的大小与含水层的导水性能、水力梯度有关。

中深层地下水的径流:中深层地下水总体流向自西北向东南。东北、西北则分别向西偏南、东偏南方向,水头梯度 2.76‰。

中深层地下水的排泄:中深层地下水的排泄主要为人工开采(生活及工业开采)和径流排泄两种途径。

目前,开采中深层地下水主要集中在漯河市区及孟庙镇工业区两个区域,其他城镇只有少量开采用作生活饮用水源。据统计计算,漯河市区中深层地下水评价年开采量在 1 087.52 万 m³ 左右,并仍有增长趋势。

(三)中深层地下水动态特征

中深层地下水位在天然条件下动态变化不如浅层地下水敏感,表现比较迟缓。动态类型单一,主要为径流型;在人为因素影响下,动态具有多变的特点。如在市区附近人为集中开采的地带,改变了天然的径流条件,动态类型主要为径流—开采型。

中深层地下水开采已有 50 年历史。目前开采井已遍布全区,由于对地下水实行限采,开采量减少,全区地下水位呈上升趋势。

(四)中深层地下水化学特征及水质特征

1.地下水化学特征

研究区中深层地下水化学特征一个主要特点是钠离子和硫酸根离子含量普遍偏高。该区深层地下水分为 HCO_3—$Na \cdot Mg \cdot Ca$ 、HCO_3—$Ca \cdot Mg \cdot Cl \cdot HCO_3$—$Ca \cdot Na$、$HCO_3 \cdot SO_4$—$Ca \cdot Na$ 型四种水质类型。HCO_3—$Na \cdot Mg \cdot Ca$ 型水呈片状分布于研究区大部,矿化度 0.42 ~ 0.49 g/L;HCO_3—$Ca \cdot Mg$ 型水呈片状分布于郾城县东北,矿化度 0.5 g/L 左右;$Cl \cdot HCO_3$—$Ca \cdot Na$ 型水分布于邓襄寨一带,矿化度 0.51 ~ 1.00 g/L;$HCO_3 \cdot SO_4$—$Ca \cdot Na$ 型水分布于邓襄寨一带,矿化度 0.51 ~ 1.00 g/L。

2.中深层地下水水质评价

评价标准为《生活饮用水卫生标准》(GB 5749—2006)。评价分为三级。中深层地下水水质较好,以适宜饮用水为主,其次为基本适宜饮用水,基本适宜饮用水超标因子主要为总硬度、铁、锰。

第二节　水资源开发利用状况及其诱发的环境地质问题

一、地下水开发利用现状

(一)集中开采

漯河市是地表水和地下水联合供水的城市,地表水主要以沙河及澧河水作为供水水源。地下水源供给主要为沙北水源地和澧河南水源地。

漯河市现已开发利用的地下水分四层取水段,即浅层地下水(0 ~ 80 m),第二层承压水(90 ~ 200 m),第三层承压水(300 ~ 500 m)和第四层承压水(地热井)。据 1995 年资料统计,城市取水总量为 5 866.65 万 m^3/a,地下水开采量 2 413.53 万 m^3/a,占 41.14%,其中浅层水开采量 1 165.20 万 m^3/a,第二层承压水开采量 1 143.13 万 m^3/a,第三层承压水开采量 105.20 万 m^3/a;开采井数:二水厂 17 眼,三水厂 20 眼,企业自备井 135 眼,合计 172 眼(不包括农用浅井)。按井的类型分浅井 98 眼,中深井 40 眼,混合井 27 眼,深井 6 眼,超深井 1 眼。地表水取水设施及取水能力有一水厂 3.50 万 m^3/d,银鸽集团一纸厂 2.00 万 m^3/d,双汇集团、铁路、银鸽集团二纸厂、原磷肥厂、火电厂各 0.80 万 m^3/d,合计取水能力 9.50 万 m^3/d(3 467.50 万 m^3/a),实际取水 3 453.12 万 m^3/a。

2010 年漯河市供水地表水和地下水开采量约 15 664 万 m^3,其中区内工业用水量较大,用水量约为 2 182 万 m^3,城镇居民用水,主要开采 80 ~ 150 m 的地下水,供水量为 1 075万 m^3。目前以沙河为界,沙河北有 330 多眼开采井(包括自备井)、市区沙南现有

160 多眼井。

(二) 分散性开采

分散性开采一般分布在郊区及农村。具体用水类型可分为农田灌溉用水、农村生活用水。

区内农田灌溉程度较高,以井灌为主,部分地区以渠灌为辅。据统计,研究区内粮食种植面积为 29.98 万亩,其中小麦种植面积 15.44 万亩、棉花种植面积 0.91 万亩、油料种植面积 1.55 万亩、蔬菜种植面积 4.19 万亩。有效灌溉面积为 19.36 万亩,灌溉量为 11 480 万 m^3/a。

区内乡镇居民用水,主要开采浅层地下水,供水量为 927 万 m^3/a。

二、环境地质问题

漯河市城市地下水集中开采区,由于大量开采地下水,已形成了水位下降漏斗,如不加以保护,势必会由于下降漏斗的进一步扩大,造成如地裂缝、地面沉降等环境地质灾害。

(一) 地下水水位降落漏斗

1. 浅层地下水水位下降漏斗

漯河市区浅层地下水已形成 3 个降落漏斗。一是沙北三水厂水源地漏斗区,该漏斗在开采期之前已经形成,1995 年漏斗中心水位标高最低为 43.42 m,水位埋深 17.80 m,面积 2.99 km^2,之后水位便开始回升,至 2001 年漏斗中心水位标高 51.29 m,水位埋深 8.61 m,面积 0.79 km^2;二是银鸽集团一纸厂漏斗区,漏斗中心水位标高 2002 年最低为 40.35 m,水位埋深 17.85 m,面积达 6.83 km^2,10 年水位下降了 3.65 m,面积扩大了 0.89 km^2;三是针织厂漏斗区,漏斗中心水位标高 1999 年最低为 51.19 m,水位埋深 10.06 m,面积 0.71 km^2,至 2002 年漏斗中心水位标高 53.80 m,水位埋深 7.45 m,面积 0.44 km^2。

2. 第二层承压水地下水水位下降漏斗

漯河市第二层承压水已形成两个降落漏斗,近东西向展布,西漏斗区主要位于灯泡厂至 2004 仓库一带,漏斗中心水位标高 1995 年最低为 8.88 m,水位埋深 52.02 m,面积达 8.30 km^2;东漏斗区主要位于罐头总厂至银鸽集团一纸厂一带,漏斗中心水位标高 1996 年最低为 5.30 m,水位埋深 52.23 m,面积达 19.24 km^2。这两个漏斗距离较近,逐渐连成了一个大的漏斗区。

1993 年以来,第二层承压水水头呈上下波动状态,并未持续性下降。1993～2002 年开采期内,西漏斗区中心水位上升了 2.38 m,年均下降速率 -0.24 m,面积缩小了 6.73 km^2;东漏斗区中心水位下降了 1.55 m,年均下降速率 -0.16 m,面积缩小了 1.71 km^2。

为遏制地下水超采、水位持续下降、漏斗扩大的局面,治理地质灾害,优化城市供水结构,漯河市政府于 2002 年成立封停收购自备井领导小组及办公室。至 2003 年底,共封停自备井 123 眼。其中回填 64 眼,封管停用 59 眼。减少地下水开采量约 550.0 万 m^3/a,使地下水位下降趋势得到了有效控制。目前,浅层地下水漏斗较不明显,中深层地下水漏斗主要分布于漯河市东部,漏斗埋深约 43.62 m。

(二)地下水水质污染

1. 浅层地下水

根据《地下水质量标准》(GB/T 14848—93),对区内 2 眼取水样井参与评价的各项因子进行综合评价,市区外围市郊井水质为良好级,市区井水质为较差级,污染因子为总硬度。

2. 第二层承压水

根据《地下水质量标准》,对区内 2 眼取水样井参与评价的各项因子进行综合评价,从取样的 2 眼长观井看,水质为良好级。市区观深 3 井、观深 5 井水质类型均属 HCO_3—$Na \cdot Ca \cdot Mg$ 型水。根据《地下水质量标准》,地下水质量达 III 类水标准。

第三节　拦河潘应急地下水源地的优选确定

一、城市应急地下水源地的确定

应急水源地在危急时刻,当城区供水设备破坏、集中水源地供水不足或水质污染情况下,可短时期强化开采地下水以满足城区用水需求。

根据研究区以往研究成果,以及本次工作开展的水文地质调查、地球物理勘查、水文地质试验及资料的分析,基本查明研究区应急水源地范围内浅层、中深层含水层的岩性结构,埋藏分布规律及富水性,为拟订应急水源地开采方案提供依据。应急水源地选址区具有如下特点:位于沙河、颍河之间,靠近颍河南岸,沉积了巨厚的松散堆积物,不同程度地发育了多层孔隙较大的含水砂层,给地下水的赋存准备了良好的空间条件。中深层含水层岩性为粉砂、粉细砂层,且砂层厚度分布稳定,厚度大,为极富水区,水资源丰富。

根据研究区水文地质条件、漯河市开采现状及市区总体发展规划,综合考虑选取练集至孟庙镇北拦河潘为漯河市应急水源地靶区,面积 72.35 km²。浅层地下水易受到污染,水质较差,以 IV 类和 V 类居多,超生活饮用水标准的指标较多,超标因子主要为总硬度、溶解性总固体、硫酸根、氯离子、锰、阴离子合成洗涤剂、硝酸根、氟、铅。因此,本次水源地的开采层位不再考虑浅层地下水;中深层地下水水质较好,以基本适宜饮用水为主,仅一般性化学指标如溶解性总固体、总硬度、铁、锰超生活饮用水标准,超标倍数较小,经处理可以满足水源地供水的要求,且中深层含水层岩性为中细砂、中砂、粗中砂、含砾中粗砂及粉砂等,砂层厚度分布稳定,厚度大,为极富水区,水资源量丰富,可作为水源地供水的目的层。

二、拦河潘应急水源地水文地质概况

水源地开采目的层为中深层地下水,故仅对中深层水文地质条件作一简述。

含水层由中更新统上段、下更新统砂性土组成,岩性以砂层为主,多为四层,砂层间夹厚度较薄的粉质黏土、粉土弱透水层。含水层底板埋深 90～220 m。含水层主要为细砂,其次为中砂和中粗砂砾石。含水层厚度一般 50～70 m,自东向西、自南向北,含水层厚度由薄变厚,颗粒由细变粗,水源地富水性程度高,为极强富水区和富水区,富水性总体上自北向南由强渐弱。

中深层地下水的补给来源,主要是侧向径流补给。由于水力梯度极缓,所以径流补给微弱;地下水总体流向自南向北流,水头梯度 2.76 ‰以下;中深层地下水的排泄主要为人工开采(农村安全饮水工程井及工业开采)和径流排泄两种途径。

中深层地下水位在天然条件下动态变化不如浅层地下水敏感。表现比较迟缓,动态类型单一,主要为径流型;在人为因素影响下,动态具有多变的特点,如在市区附近人为集中开采的地带,改变了天然的径流条件,动态类型主要为径流—开采型。

第四节　地下水可开采资源量概算及评价

一、边界条件的概化

水源地处于沙颖河冲积平原,中深层含水层分布广泛,含水层主要由中、下更新统古水流沉积各粒级的砂及砂砾石组成,包括中细砂、中砂、粗中砂、含砾中粗砂及粉砂,厚度多在 30 m 左右,最厚 40 m,赋存孔隙水,视为无限含水层;含水层顶板埋深 40 ~ 105 m,隔水顶板为中更新统粉土、粉质黏土,分布稳定,平均厚度 30 ~ 50 m,浅层与中深层地下水水力联系微弱,这些也从两者的水位差值较大得到证明。因此,将其概化为无限均质承压含水层,不考虑两者的越流补给。

二、计算参数的选择及确定

计算时需要的主要参数为:导水系数 $T = 700$ m²/d,弹性给水系数 $\mu_e = 1.57 \times 10^{-3}$,压力传导系数 $a = 196\ 156$ m²/d。

三、布井方案的确定

根据水文地质条件及用水需求,对多种开采方案进行计算、比较、选优后,拟订三种开采方案,作为应急水源地开采方案。

应急水源地布井方案 1:开采井自西向东布 4 排,共 20 眼,各井水平间距 800 m、垂直间距 800m 左右,为梅花状交错分布;拟定井深为 200 m,取水层位为 90 ~ 200 m,90 m 以上止水;单井日取水量 2 000 m³,总开采量约为 4.00 万 m³/d,具体布井方案见图 9-4。

应急水源地布井方案 2:开采井自西向东布 4 排,共 28 眼,各井水平间距 800 m、垂直间距 800 m 左右,为梅花状交错分布;拟定井深为 200 m,取水层位为 90 ~ 200 m,90 m 以上止水;单井日取水量 2 000 m³,总开采量约为 5.60 万 m³/d,具体布井方案见图 9-5。

应急水源地布井方案 3:开采井自西向东布 4 排,共 36 眼,各井水平间距 800 m、垂直间距 800 m 左右,为梅花状交错分布;拟定井深为 200 m,取水层位为 90 ~ 200 m,90 m 以上止水;单井日取水量 2 000 m³,总开采量约为 7.20 万 m³/d,具体布井方案见图 9-6。

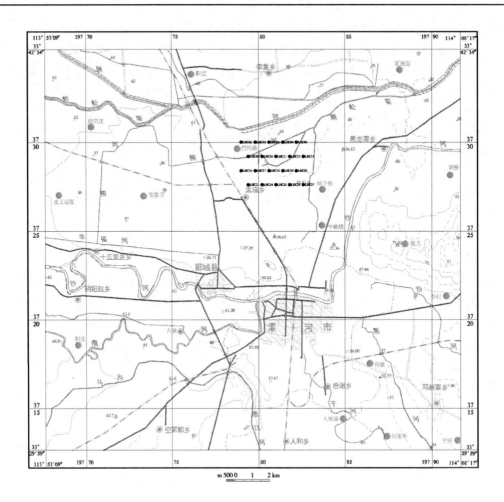

图9-4　应急水源地布井方案1布井示意图

四、开采量计算及评价

（一）应急水源地开采方案1开采量计算及评价

前已述及本方案规划期400 d,开采井20眼,井深200 m,单井日取水量2 000 m³,总开采量约为4.00万 m³/d(1 460万 m³/a);据本次实地调查统计,目前漯河市主城区人口约为99万人,按城市生活用水100 L/(人·d)计,城区居民生活需水量约为9.90万 m³/d,则新水源地应急可开采资源量可解决特殊时期40.40%城区人口的生活用水需求。

应用承压水完整井井群干扰非稳定流公式,利用计算机分别计算有关观察点由于拟建水源地开采而引起的降深,见表9-1、图9-7、图9-8。

由水位预测结果可知,水源地以4.00万 m³/d的开采量开采中深层地下水,100 d后水位下降速度迅速减小,400 d末时水位下降速率0.01 m/a,已基本稳定,地下水由非稳定状态转为稳定状态,水位降深与抽水时间无关。

由计算结果可知,开采条件下地下水位趋于稳定后,LHC11号中心井最大水位降深 $S_{max}=23.92$ m,该值不及 h(静水位到含水层底板)的1/5。

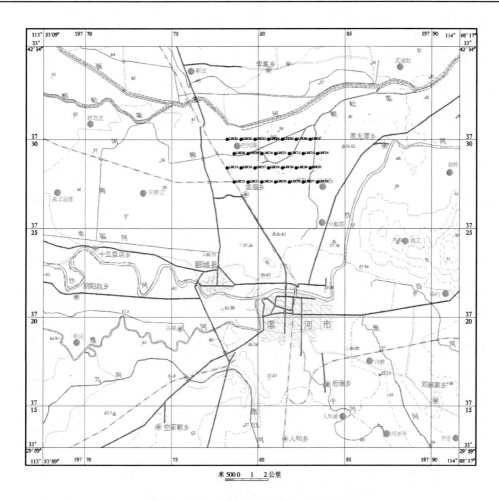

图9-5　应急水源地布井方案2布井示意图

表9-1　应急水源地方案1水位预报一览表

开采天数(d)	1	2	5	10	20	50	100	150	200	250	300	350	400
LHC11 总降深(m/a)	4.18	4.99	6.94	9.08	11.64	15.38	18.3	20	21.19	22.09	22.81	23.41	23.92
LHG077 总降深(m)	0.87	1.7	3.7	5.89	8.47	12.23	15.16	16.86	18.05	18.95	19.67	20.27	20.78
LHG169 总降深(m)	0	0	0	0.01	0.16	1.1	2.61	3.77	4.67	5.4	6.01	6.53	6.97
LHC11 年均降深(m/a)	0	0	0	0	0.015	0.031	0.03	0.023	0.018	0.015	0.012	0.01	0.009

由图9-7可以看出,水源地开采所引起的水位降落漏斗范围较小,中心水位降深较小。降落漏斗中心位于孟庙乡拦河潘东南,最大水位降深23.92 m。水位降深大于17 m的范围为11.38 km²,漏斗呈圆形,向南延至孟庙乡南部、向北延至颍河南岸,至沙北水源地水位降深约为6.00 m,澧河南水源水位降深小于5.00 m,小于中深层地下水顶板埋深(约60 m)。据2012年水位统调,自然情况下水源地范围内中深层地下水水位埋深在 <10 m、10~15 m,开采后水位埋深一般25~33 m,这样的水位埋深影响甚微。

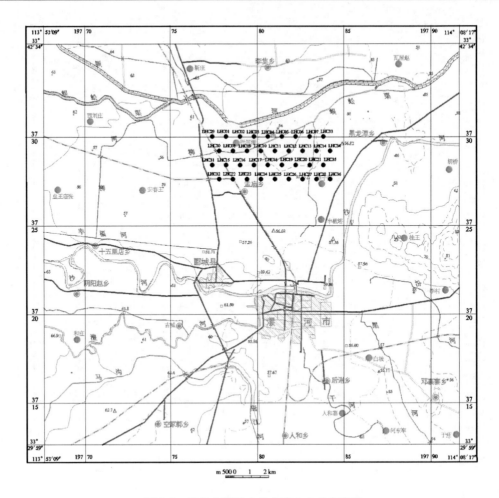

图 9-6　应急水源地布井方案 3 布井示意图

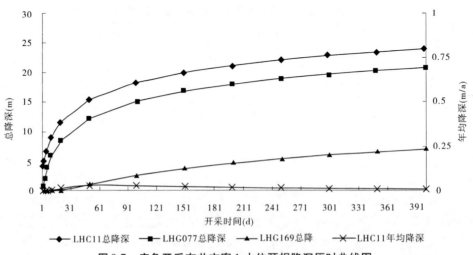

图 9-7　应急开采布井方案 1 水位预报降深历时曲线图

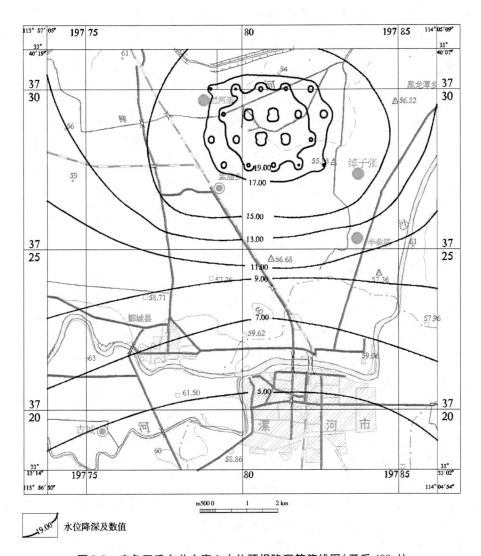

图 9-8　应急开采布井方案 1 水位预报降深等值线图(开采 400 d)

由图 9-7 可以看出,由新水源地开采所引起的降落漏斗呈圆形展布,对老水源地影响较小,故新水源地的开采不会影响其他水源地的正常使用。

综上所述,在拟建水源地以 4.0 万 m³/d 的开采过程中,水位的下降状况是可以接受的,不会引起明显的环境地质问题。日开采 4.0 万 m³ 可行。

(二)应急水源地开采方案 2 开采量计算及评价

前已述及本方案规划期 200 d。开采井 28 眼,井深 200 m,单井日取水量 2 000 m³,总开采量约为 5.60 万 m³/d(2 044 万 m³/a),则新水源地应急可开采资源量可解决特殊时期 56.57% 城区人口的生活用水需求。

应用承压水完整井井群干扰非稳定流公式,利用计算机分别计算有关观察点由于拟建水源地开采而引起的降深,见表 9-2、图 9-9、图 9-10。

表 9-2　　应急水源地方案 2 水位预报一览表

开采天数(d)	1	2	5	10	20	50	100	150	200
LHC11 总降深(m)	4.18	5	7.1	9.63	12.87	17.85	21.85	24.2	25.84
LHG077 总降深(m)	0.87	1.71	3.87	6.44	9.72	14.72	18.73	21.09	22.73
LHG169 总降深(m)	0	0	0	0.02	0.21	1.46	3.53	5.13	6.39
LHC11 年均降深(m/a)	4.18	0.82	0.7	0.506	0.324	0.166	0.08	0.047	0.0328

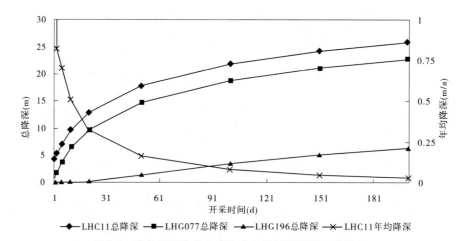

图 9-9　　应急开采布井方案 2 水位预报降深历时曲线图

由水位预测结果可知,水源地以 5.60 万 m³/d 的开采量开采中深层地下水,100 d 后水位下降速度迅速减小,200 d 时水位下降速率 0.032 8 m/a,已基本稳定,地下水由非稳定状态转为稳定状态,水位降深与抽水时间无关。

由计算结果可知,开采条件下地下水位趋于稳定后,LHC11 号中心井最大水位降深 $S_{max} = 25.84$ m,该值不及 h(静水位到含水层底板)的 1/5。

由图 9-10 可以看出,水源地开采所引起的水位降落漏斗范围较小,中心水位降深较小。降落漏斗中心位于孟庙乡拦河潘东南,最大水位降深 25.84 m。水位降深大于 17 m 的范围为 20.96 km²,漏斗呈椭圆形,向东至绰子张、向南延至孟庙乡南部、向北延至颍河南岸,至沙北水源地水位降深约为 7.00 m,澧河南水源水位降深小于 3.00 m,小于中深层地下水顶板埋深(约 60 m)。据 2012 年水位统调,自然情况下水源地范围内中深层地下水水位埋深在 <10 m、10~15 m,开采后水位埋深一般 25~35 m,这样的水位埋深影响甚微。

由图 9-10 可以看出,由新水源地开采所引起的降落漏斗呈圆形展布,对老水源地影响较小,故新水源地的开采不会影响其他水源地的正常使用。

综上所述,在拟建水源地以 5.6 万 m³/d 的开采过程中,水位的下降状况是可以接受的,不会引起明显的环境地质问题。日采 5.6 万 m³ 可行。

(三)应急水源地开采方案 3 开采量计算及评价

前已述及本方案规划期 100 d,共布设开采井 36 眼,单井日取水量 2 000 m³,总开采

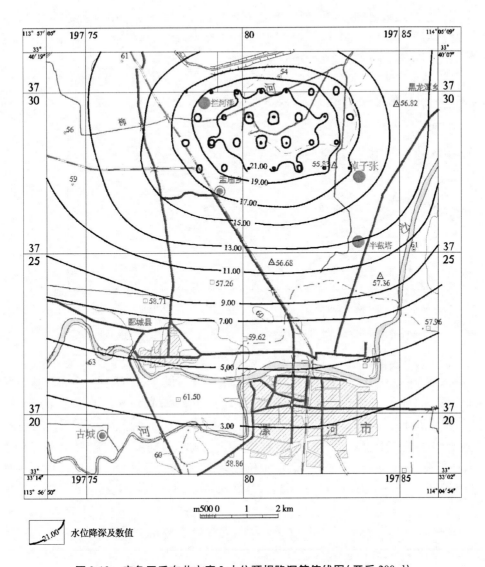

图 9-10　应急开采布井方案 2 水位预报降深等值线图(开采 200 d)

量约为 7.2 万 m^3/d(2 628 万 m^3/a);则新水源地应急可开采资源量可解决未来特殊时期 72.73% 城区人口的生活用水需求。

应用承压水完整井井群干扰非稳定流公式,利用计算机分别计算有关观察点由于拟建水源地开采而引起的降深,见表 9-3、图 9-11、图 9-12。

表 9-3　应急水源地开采方案 3 水位预报一览表

开采天数(d)	1	2	5	10	20	50	100
LHC11 总降深(m)	4.18	5	7.14	9.85	13.55	19.57	24.56
LHG078 总降深(m)	0.75	1.6	3.78	6.51	10.21	16.2	21.18
LHG169 总降深(m)	0.8	1.24	2.34	3.77	5.93	10.15	14.26
LHC11 年均降深(m/a)	4.18	0.82	0.71	0.54	0.37	0.201	0.1

　　由水位预测结果可知,水源地以 7.20 万 m³/d 的开采量开采中深层地下水,50 d 后水位下降速度迅速减小,100 d 时水位下降速率为 0.1 m/a,已基本稳定,地下水由非稳定状态转为稳定状态,水位降深与抽水时间无关。

　　由计算结果可知,开采条件下地下水位趋于稳定后,LHC11 号中心井最大水位降深 $S_{max} = 24.56$ m,该值不及 h(静水位到含水层底板)的 1/5。

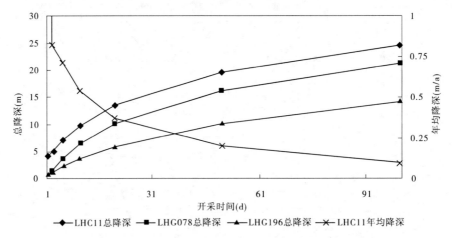

图 9-11　应急开采布井方案 3 水位预报降深历时曲线图

　　由图 9-12 可以看出,水源地开采所引起的水位降落漏斗范围较小,中心水位降深较小。降落漏斗中心位于孟庙乡拦河潘东南,最大水位降深 24.56 m。水位降深大于 13 m 的范围为 25.76 km²,漏斗呈椭圆形,向东至绰子张,向南延至孟庙乡南部、向北延至颍河南岸,至沙北水源地水位降深约为 3.00 m,澧河南水源水位降深小于 1.00 m,小于中深层地下水顶板埋深(约 60 m)。据 2012 年水位统调,自然情况下水源地范围内中深层地下水水位埋深在 <10 m、10~15 m,开采后水位埋深一般 23~35 m,这样的水位埋深影响甚微。

　　由图 9-12 可以看出,由新水源地开采所引起的降落漏斗呈圆形展布,对老水源地影响较小,故新水源地的开采不会影响其他水源地的正常使用。

　　综上所述,在拟建水源地以 7.2 万 m³/d 的开采过程中,水位的下降状况是可以接受的,不会引起明显的环境地质问题。日开采 7.2 万 m³ 可行。

五、水资源保障程度分析

　　研究区中深层地下水与浅层地下水之间一般有较厚的黏土层相隔,中深层地下水与上层浅层地下水力联系微弱,主要接受上游地段的地下径流补给。中深层地下水资源主要以夺取外围水为主,在开采状态下,利用达西公式分别求得不同开采方案的径流补给量,以求其保障程度。

(一)应急水源地开采方案 1 保障程度分析

　　开采方案:求得的区外对水源地的径流补给量为 4.18 万 m³/d,而本次设计的应急水源地下水开采量 4.00 万 m³/d,设计量小于径流补给量,因此该水源地的开采量在设计的

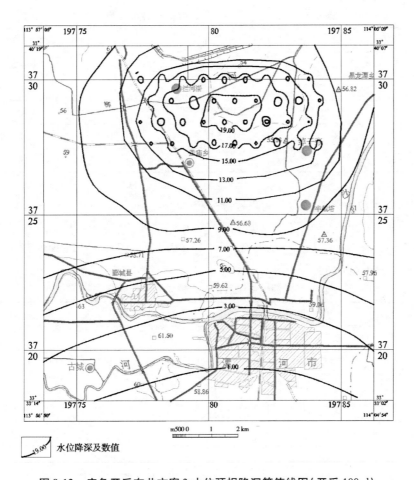

图9-12 应急开采布井方案3水位预报降深等值线图(开采100 d)

开采年限内是有保障的(见表9-4)。

表9-4 水源地中深层地下水侧向补给量计算结果

方向	水力坡度	长度(m)	导水系数	单日流量(m³/d)
西	0.001 17	5 781.25	700	4 734.843 8
东	0.001 585	5 781.25	700	6 414.296 9
北	0.002 324	12 502.5	700	20 339.067
南	0.001 19	12 502.5	700	10 414.583
合计				41 902.79

(二)应急水源地开采方案2保障程度分析

开采方案2:求得的区外对水源地的径流补给量为5.89万 m³/d,而本次设计的应急水源地下水开采量5.60万 m³/d,设计量小于径流补给量,因此该水源地的开采量在设计的开采年限内是有保障的(见表9-5)。

表 9-5　水源地中深层地下水侧向补给量计算结果

方向	水力坡度	长度(m)	导水系数	单日流量(m³/d)
西	0.001 2	5 781.25	700	4 856.25
东	0.002 2	5 781.25	700	8 903.125
北	0.002 88	12 502.5	700	25 205.04
南	0.002 3	12 502.5	700	20 129.025
合计				59 093.44

(三)应急水源地开采方案 3 保障程度分析

开采方案 3:求得的区外对水源地的径流补给量为 7.40 万 m³/d,而本次设计的应急水源地下水开采量 7.20 万 m³/d,设计量小于径流补给量,因此该水源地的开采量在设计的开采年限内是有保障的(见表 9-6)。

表 9-6　水源地中深层地下水侧向补给量计算结果

方向	水力坡度	长度(m)	T 导水系数	单日流量(m³/d)
西	0.001 3	5 781.25	750	5 636.718 8
东	0.002 54	5 781.25	750	11 013.281
北	0.003 84	12 502.5	750	36 007.2
南	0.002 3	12 502.5	750	21 566.813
合计				74 224.013

水源地在开采过程中水位下降,水力坡度加大,浅层地下水可越流补给中深层地下水,水源地开采程度保障程度将更大,满足开采需求。

第五节　地下水水质评价

根据《生活饮用水卫生标准》(GB 5749—2006)对水源地范围内水样分析结果进行评价,综合分析对比结果可知,有总硬度、锰两项指标超生活饮用水卫生标准,其中总硬度为 552.0 mg/L,超生活饮用水质量标准 0.22 倍;锰为 0.28 mg/L,超生活饮用水质量标准 1.8 倍;其余各项指标均不超生活饮用水标准。此两项指标超标倍数较小,且均为感官性状指标及一般化学性指标,简单处理后可作为良好的生活饮用水。

一般锅炉用水质量评价结果,水源地 H_0 为 221.45 ~ 319.89,属锅垢少—多的水,水源地大部分地区属锅垢少—多的水,只有东南部地区属锅垢少的水;硬垢系数 K_n 为 −0.11 ~ 0.18,为具有软沉淀物的水;起泡系数 F 为 165.28 ~ 204.33,属半起泡或起泡的水(北部多为起泡的水);研究区地下水腐蚀性属非腐蚀性,无腐蚀性水存在。

第十章　周口市李埠口应急水源地论证

第一节　研究区水文地质条件

一、地下水赋存特征及分布规律

研究区位于黄淮冲积平原,属华北地层区的豫东小区西南部,整个研究区覆盖着1 500～6 000 m以上的第三纪、第四纪松散堆积物。按区域地貌成因类型,研究区主要为冲积平原区,依据冲积主体不同,又可分为黄河冲积平原与沙颍河冲积平原,其特点是一定深度内的岩土体结构均为河流冲洪积成因的松散堆积物,为地下水的赋存提供了良好的条件。

南部的沙颍河冲积平原区长期以来接受第四纪松散沉积物沉积,主要由细颗粒的粉质黏土、粉土夹薄层透镜状粉砂组成,其中粉土多含姜石,孔隙较大,粉质黏土多含树枝状的裂隙,地层坡度小,坡降1/3 000～1/4 000,地表水及地下水径流滞缓,有利于大气降水入渗补给,因而为地下水赋存提供了良好的条件。下更新统上部的冰水堆积物中发育了厚度30～70 m的含砾中粗砂、中细砂、粉细砂,结构松散,导水性较好,接受西部山区裂隙水的水平补给,水量丰富,成为中深层水的富集区,可作为供水水源地的目的层。

西北部及东北部平原为黄河冲积平原,多为黄河泛流沉积物,岩性为粉砂、泥质粉砂及含钙质结核粉质黏土,顶底板埋深不明显,含水砂层较薄且多,呈互层状,颗粒较细,分布不稳定。地下水天然水力坡度较小,一般在1/3 000～1/5 000,地表水及地下水径流滞缓,有利于大气降水入渗补给,为地下水中等富水区、富水区。

北部残留一条宽1.2～4.8 km的近期黄河古河道,长期以来接受黄河冲洪积物沉积,岩性较松软,顶部为浅黄色、褐黄色粉土、泥质粉砂,含水层岩性主要为黄褐色、灰黄色、浅灰色细砂、中细砂组成,上部颗粒细且含泥质,中下部变粗,颗粒分选好,透水性强。由于地表岩性较粗,地下水位埋藏较浅,加之水力坡度平缓,因而对降雨入渗补给地下水极为有利,也为地下水赋存提供了良好条件,属地下水富水区。

二、浅层地下水特征

(一)赋存条件及富水性

浅层含水层控制深度在50 m左右,主要为黄河冲积而成,由于黄河历次泛滥改道南下,挟带大量泥沙,在测区沉积下来,形成一条由西北流向东南的埋藏故道,此故道含水砂层发育,厚度较大,岩性多为细砂、中细砂,顶板埋深5.50～18.0 m,厚5.00～23.70 m。故道两侧为泛流沉积物,含水砂层较薄,颗粒也较细,且分布不稳定。

根据地质、地貌和水文地质特征上的差异,大致颍河主河道以北为近期黄泛沉积物,其上为近期沙颍河沉积物,其下为黄河冲积扇边缘带的沉积物。二者上部为粉土夹薄层粉质黏土,下部为中细砂、粉细砂和粉砂,构成了上细下粗典型的"二元结构"和粗细相间的"多元结构",平均含砂比为40%~50%。西南部为颍河沉积物,均由细颗粒的粉土、粉质黏土夹薄层透镜状粉砂组成,粉土多含姜石,孔隙较大,粉质黏土多具互相贯通呈树枝状的裂隙,因而赋存着比较丰富的地下水。

按其富水程度划分为富水区及中等富水区的两个等级:

(1)富水区(1 000~3 000 m³/d):其分布为纵贯全区的大部分。根据沉积物来源和含水层岩性:北部主要为东南向的黄河古道主流带组成,含水层岩性西北部较粗为细砂、中细砂,东南部稍细为细砂、粉细砂,厚度10~15 m,顶板埋深10~15 m,单井出水量一般为1 000~1 500 m³/d。最大可达2 000~2 500 m³/d。水位埋深大部分地区2~4 m。

西南部为颍河堆积物,含水层由含姜石的粉土、粉质黏土夹薄层粉砂和裂隙黏土组成。水量一般为1 000~1 800 m³/d,最大可达2 000 m³/d。水位埋深2~4 m。

(2)中等富水区(500~1 000 m³/d):主要分布在周口市西侧及研究区外围的许湾—罗庄一带,为黄河泛流带和边缘带。含水层为粉细砂、粉砂,厚度5~10 m,局部小于5 m。顶板埋深大部10~15 m,部分小于10 m,单井出水量500~1 000 m³/d。水位埋深2~4 m。

(二)补给、径流和排泄

浅层地下水的主要补给来源为大气降水的渗入补给,其次是平原河道建闸对浅层水的补给、灌溉回渗补给、地下水的径流补给等。

地下水流向总体由北部、西部和南部流向研究区中心,南部由西北流向东南、由东北流向西南,其坡降一般为1/2 000~1/5 000。总体来说,径流条件是较迟缓的。

浅层地下水的排泄主要是蒸发,其次是人工开采和河流排泄。

(三)水动态特征

浅层地下水的动态主要受气象、水文等因素的影响。根据这些因素的变化,其水位动态类型为气象—水文型。

(四)水化学类型

根据本次水质分析成果及收集水质资料,本区浅层地下水均为 HCO_3 型水,阴离子单一,但阳离子较为复杂,有 HCO_3—$Mg \cdot Ca$、HCO_3—Ca、HCO_3—$Ca \cdot Mg$、HCO_3—$Mg \cdot Ca \cdot Na$ 等型水。矿化度一般都很小。浅层地下水铁、锰超生活饮用水标准的较多,总硬度和溶解性总固体部分超标,水质以Ⅳ类和Ⅴ类水为主,水质较差,不适宜直接饮用。

三、中深层地下水特征

(一)赋存条件及富水性

中深层水含水层埋藏深度50~350 m,由中、下更新统冲积物、湖积物构成,含水层岩性为粉砂、粉细砂层,一般可见有4~7层,单层厚7~23 m。顶板埋深为75~90 m,主要含水层多集中在中、下更新统180~310 m。由物探解译成果可以看出,在测区的东南部、东部、东北部麦仁店—胡庄—谢庄—刘庄一带和测区西部的贾庄—两井庄含水层厚度较小,地层富水性相对较差;而在测区的中部含水层厚度较大,在前刘营—大朱楼—曹寨一带和河庄—老庄一带出现了较大厚度层,说明在这些区域内地层富水性相对较好,这为应急水源地的选址提供了良好的条件。全区单井出水量 1 500 ~ 2 000 m^3/d,局部大于2 000 m^3/d。按富水程度划分,可分为富水区和弱富水区两个等级(见图10-1)。

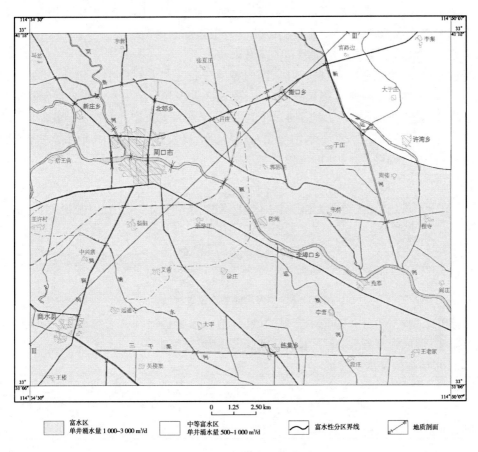

图 10-1　中深层水文地质图

(1)富水区(1 000 ~ 3 000 m^3/d):分布于全区大部分地区。主要含水层由下更新统中细砂、粉细砂组成,顶板埋深 240 ~ 270 m,底板埋深 300 ~ 380 m,厚度 20 ~ 30 m。市区开采中心水位埋深 55.0 m 左右,老水源地一带中深层地下水埋深约 50 m,中东部约 40 m。

(2)中等富水区 (500 ~ 1 000 m^3/d):分布于本区东北角,许湾以北,龙路口以东。沉积物颗粒较细,含水层岩性细而薄,由粉细砂组成,厚度 10 ~ 15 m。水位埋深小于 40.0 m。

(二)补给、径流和排泄

(1)中深层水的补给。主要接受来自西北方向的径流补给。在开采条件下,当该层抽水与上部水层(组)产生水头差时,将会出现越流补给。越流补给量微弱,所以在后面的计算中不予考虑。

(2)深层水的径流。深层地下水流向大体与浅层水一致,自西北和西流向东南,与物质来源方向一致,其水力坡度为 1/3 000 ~ 1/5 000。

(3)中深层水的排泄。

地下水以径流方式向下游排泄,人工开采为主要排泄方式。

（三）水动态特征

中深层含水层埋藏较深，侧向补给途径较远，补给缓慢，侧向和垂向补给都较差，因而补给量少。消耗量主要为人工开采、径流排泄和越层排泄。

中层水与浅层水有一定的水力联系，受气象因素影响较为明显；深层因埋藏深，与浅层地下水基本无水力联系，地下水位的变化受开采强度的影响很大。

本区地下水动态主要有径流型和径流开采型。

径流型：分布于东部广大农村地区，区内零散分布一些农村集中供水井，开采量相对较小，地下水位动态受降水量影响程度较小，受城区供水和分散供水井影响常年基本处于缓慢下降的趋势（见图10-2）。地下水水位主要受开采因素决定，因此总结其地下水动态特征是"秋、冬季开采量小，地下水水位相对较高，春、夏季开采量增大，地下水水位较低"和"年内水位升降幅度较大，年际水位缓慢下降"。

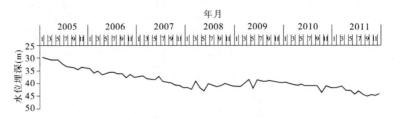

图 10-2　中深层地下水位过程线

径流开采型：主要分布在集中开采的城区，地下水受径流和开采影响，其原因是开采量大且集中，形成降落漏斗，地下水水位埋深大，降水补给难度。

（四）化学类型及水质特征

本区地下水化学类型主要为 $HCO_3Cl—Na$ 型水。pH 值在 7~8.5，溶解性总固体均小于 1 000 mg/L，总硬度普遍小于 100 mg/L。各项指标均不超生活饮用水标准，水质较好，以 Ⅱ 类和 Ⅲ 类水为主，适宜直接饮用。

第二节　水资源开发利用状况及其诱发的环境地质问题

一、水资源开发利用状况

周口市城市供水为地下水和地表水联合供水类型。地下水主要开采浅层（40 m 以内）和中深层地下水（40~350 m），现状开采 350 m 以下的深层水较少。

周口市城区较大河流有沙河、贾鲁河和颍河，三条河流在此汇流。颍河和沙河汇流后建有蓄水闸，贾鲁河汇入沙河口以上 1.7 km 处也建有闸，故地表水是丰富的。但由于三条河流均接纳了上游城市的生活和工业污水，使河水污染逐年加重，已不能作为生活饮用水。

目前，周口市现有水厂 4 座，以开采中深层承压水为主。第一水厂设计供水能力 1.2 万 m^3/d，第二水厂设计供水能力 3.0 万 m^3/d，第三水厂设计供水能力 5.0 万 m^3/d，新区水厂设计供水能力 5.0 万 m^3/d，另有并网自备井（开采浅层水和中深层水）17 眼，设计供水能力 1.0 万 m^3/d。总计供水能力 15.2 万 m^3/d。

　　2002 年周口市城市供水总量为 4 268 万 m^3,其中地表水 2 463 万 m^3,浅层地下水 987 万 m^3,中深层地下水 818 万 m^3,地下水约占城市供水总量的 42%。2002 年供水总量中,公共供水量为 1 510 万 m^3,其中生产用水 694 万 m^3,占公共供水总量的 46%;自备井供水量为 2 758 万 m^3,其中生产用水 1 977 万 m^3,占自备井供水总量的 72%。

　　浅层地下水虽未超采,但水质污染严重,目前尚有部分农村群众用压水井取用已污染的浅层水,对身心健康造成一定影响。由于浅层水受污染,中深层地下水的开采量逐年增加,水位逐年大幅度下降。

二、环境地质问题

(一)地下水水位降落漏斗

1.浅层地下水水位降落漏斗

　　1975 年 7 月 1 日以前,沙河、颍河、贾鲁河三条河流,由于切割深度达 8.0 m 左右,低于两侧浅层地下水水位,形成枯水季节排泄地下水,加上城市和农灌以开采浅层水为主,特别是用水大户开采,造成沙河北以商水县化肥厂为中心的浅层地下水水位大幅度下降,形成水位下降漏斗。1975 年 7 月 1 日大闸蓄水后,抬高了河水位,闸上河水常年补给浅层地下水,使浅层地下水水位回升,漏斗面积缩小,1992 年漏斗面积尚有 8.8 km^2。后由于化肥厂用水量大量减少,2002 年该漏斗已不存在。沙河北浅层水位埋深在 4.97 ~ 8.5 m,沙河南水位埋深在 1.97 ~ 4.5 m,颍河、贾鲁河河间地块水位埋深 4.0 ~ 4.65 m,靠近大闸附近水位埋深 6.0 m。

2.中深层地下水水位降落漏斗

　　由于浅层地下水受到了污染,20 世纪 80 年代中深层地下水的开采量逐年增加,水位逐年大幅度下降,至 1996 年,中深层地下水水位标高 26 m 线漏斗面积达 113 km^2。2002 年,该漏斗面积仍达 113 km^2,中心水位 10.9 m,水位埋深达 38.3 m。2012 年水位持续下降,市区老水源地水位 -9.8 m,水位埋深达 54.9 m。

(二)地下水水质污染

　　由于受到工业、生活废弃物和污水灌溉的影响,浅层水的水质已受到污染。根据区内近年来的水质测试结果,区内浅层地下水超过饮用水标准的因子按污染轻重主要为总硬度、总大肠菌群、浑浊度、细菌总数、氯化物等。浅层地下水污染区主要分布在城市建成区、污染河流两岸、垃圾堆放点、污染灌溉的地区等。中深层地下水超过饮用水标准的因子按污染轻重主要为总大肠菌群、浑浊度、细菌总数、氯化物、总硬度。中深层地下水受到污染的地区范围较小,主要分布在部分厂矿集中区,可能与浅层地下水受到污染进而影响了中深层地下水有关,或与工业废水回灌有一定的关系。

第三节　李埠口应急地下水源地的优选确定

一、城市应急地下水源地的确定

根据研究区以往研究成果,以及本次工作开展的水文地质调查、地球物理勘查、水文地质试验及资料的分析,基本查明研究区应急水源地范围内浅层、中深层含水层的岩性结构、埋藏分布规律及富水性,为拟订应急水源地开采方案提供依据。应急水源地选址区具有如下特点:位于沙颍河冲积平原,沉积了巨厚的松散堆积物,不同程度地发育了多层孔隙较大的含水砂层,给地下水的赋存准备了良好的空间条件。中深层含水层岩性为粉砂、粉细砂层,且砂层厚度分布稳定,厚度大,为富水区,水资源量丰富。

因此,根据研究区水文地质条件、周口市开采现状及市区总体发展规划,考虑到周口市南部杨脑一带已建有水源地,所以市区南部不再考虑;周口市为"东拓轴"和"南联轴"的发展规划,综合考虑选取练集至李埠口一带为周口市应急水源地靶区(见图 10-3),面积 70.86 km²,范围为东经 114°42′~114°47′、北纬 33°31′~33°34′。浅层水易受到污染,水质较差,以Ⅳ类和Ⅴ类居多,超生活饮用水标准的指标较多,因此本次水源地的开采层位不再考虑浅层地下水;中深层以Ⅱ类和Ⅲ类水为主,所有指标均不超生活饮用水标准,水质较好,适宜饮用,可以满足水源地供水的要求,且中深层含水层岩性为中砂、细砂、粉细砂层等,砂层厚度分布稳定,厚度大,为富水区,水资源量丰富,可作为水源地供水的目的层。

二、李埠口应急水源地供水水文地质概况

本次水源地开采层为中深层地下水,因此浅层地下水不再叙述。

中深层地下水主要含水层由中更新统和下更新统沉积物组成,在下更新统上部的冰水堆积物中发育了厚度 30~70 m 的中砂、细砂、粉细砂层,结构松散,导水性较好,接受西部山区裂隙水的水平补给,水量丰富,单井出水量 1 500~2 000 m³/d,局部大于 2 000 m³/d,成为中深层水的富集区。含水层顶板埋深为 75~90 m,底板埋深 200~240 m。

深层地下水化学类型主要为 HCO₃·Cl—Na 型水。pH 值在 7.95~8.47,矿化度 554.10~618.18 mg/L。评价结果水质以Ⅱ类和Ⅲ类为主,均不超生活饮用水标准,适宜直接饮用,因此作为应急水源地水质是完全有保障的。

深层水与上层水力联系微弱,主要接受上游地段的地下径流补给;深层水的径流方向与它们的物质来源方向相同,自西北和西流向东南,水力坡度推测较小。深层地下水除大部分以径流方式排出外,主要就是人工开采。

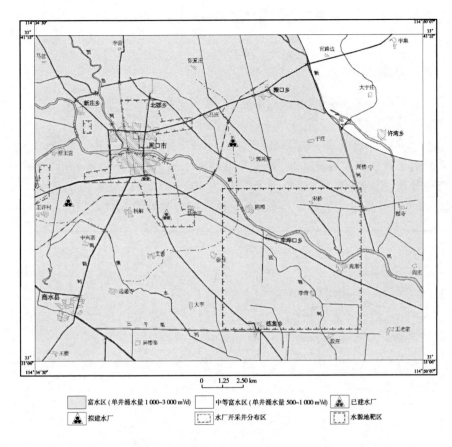

图 10-3　应急地下水源地选址区示意图

第四节　地下水可开采资源量概算及评价

一、边界条件的概化

水源地处于黄淮冲积平原,中深层含水层分布广泛,含水层岩性为中粗砂、泥质细砂,赋存孔隙水,视为无限含水层;含水层顶板埋深 240～270 m,隔水顶板为中更新统粉质黏土,分布稳定,平均厚度 55～70 m,浅层与中深层地下水水力联系微弱,这些也从两者的水位差值较大得到证明。因此,将其概化为无限均质承压含水层,不考虑两者的越流补给。

二、计算参数的选择及确定

计算时需要的主要参数有导水系数和比弹性释水系数。结合研究区不同时期勘探资料,根据《河南省周口市供水水文地质初步勘察报告》中的计算成果,该勘察报告所建杨脑水源地与本次应急水源地选址靶区水文地质条件极为相似,杨脑水源地开采井深、开采层位等与本次应急水源地设计开采井一致,所以可以作为本次参数选择的主要参考依据。

综合考虑以往成果,本次研究区选择导水系数 $T = 480.7$ m^2/d,比弹性释水系数 $\mu_s = 8.84 \times 10^{-5}$。

三、布井方案的确定

根据水文地质条件、水质状况及用水需求,对多种开采方案进行计算、比较、选优后,拟订三种应急开采方案:

(1)应急100 d开采方案:考虑到应急水源地启用后,对沙颍河南北供水的方便,特将水源地井分别布置在沙颍河南和北,开采井自西向东布7排,共40眼,井间距800 m,为梅花状交错分布;拟定井深为350 m,取水层位为200~350 m,200 m以上止水;单井日取水量2 000 m^3,总开采量约为8.0万 m^3/d,具体布井方案见图10-4。

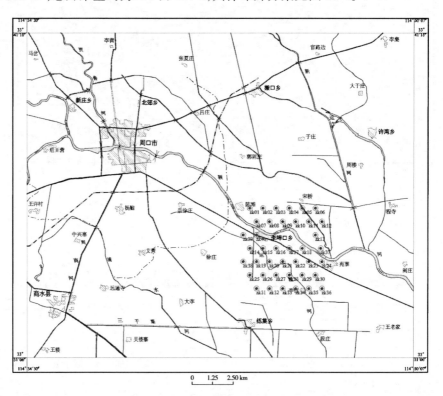

图10-4 应急100 d水源地开采井分布图

(2)应急200 d开采方案:开采井自西向东布5排,共30眼,井间距800 m,为梅花状交错分布;拟定井深为350 m,取水层位为200~350 m,200 m以上止水;单井日取水量2 000 m^3,总开采量约为6.0万 m^3/d,具体布井方案见图10-5。

(3)应急400 d开采方案:开采井自西向东布4排,共24眼,井间距800 m,为梅花状交错分布;拟定井深为350 m,取水层位为200~350 m,200 m以上止水;单井日取水量2 000 m^3,总开采量约为4.8万 m^3/d,具体布井方案见图10-6。

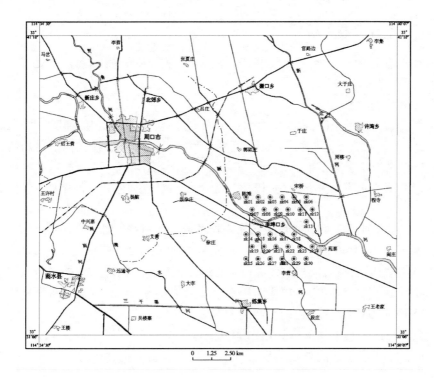

图 10-5　应急 200 d 水源地开采井分布图

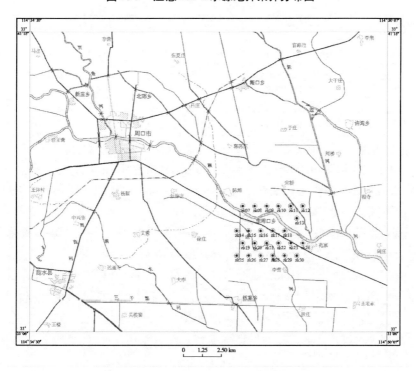

图 10-6　应急 400 d 水源地开采井分布图

四、开采量计算与评价

根据水文地质条件、水质状况及用水需求,对多种开采方案进行计算、比较、选优后,拟订三种开采方案。

(一)方案一(应急100 d)

应急水源地处于平原区,中深层含水层分布广泛,含水层岩性为中粗砂、泥质细砂,赋存孔隙水,视为无限含水层;含水层顶板埋深200~220 m,隔水顶板为下更新统粉质黏土,分布稳定,平均厚度大于40 m,浅层与中深层地下水水力联系微弱,这些也从两者的水位差值较大得到证明。因此,将其概化为无限均质承压含水层,不考虑两者的越流补给。

计算公式采用前述无限含水层承压水泰斯井流公式进行计算。

前已述及,开采井40眼,井深为350 m,单井日取水量2 000 m³,总开采量为8.0万 m³/d。据本次实地调查统计,当前周口市中心城区人口76万人左右,按城市人口平均生活用水100 L/d计算,则城市人口生活用水总量为7.6万 m³/d,因此该水源地能满足当前突发状况下约105%城区人口的生活用水需求。

本应急水源地为城市供水,规划期100 d。

应用群井干扰泰斯井流公式分别计算有关观察点由于拟建水源地开采而引起的降深,见表10-1、图10-7、图10-8。

表10-1　应急水源地开采100 d水位预报一览表

开采天数(d)	1	2	5	10	20	50	100
zk16 总降深(m)	5.78	6.63	9.16	12.93	18.51	28.05	36.26
g167 总降深(m)	0	0	0	0	0	0.13	0.95
g81 总降深(sm)	1.16	1.95	4.42	8.15	13.71	23.23	31.43
zk16 日均降深(m/d)	5.78	0.85	0.843 3	0.754	0.558	0.318	0.164

注:zk16 为最大降深点,g81 与 zk16 距离150 m,g167 位于市区开采中心,下同。

由水位预测结果可知,中深层地下水以8.0万 m³/d的开采量开采,一天后水位下降速度迅速减小,1~2 d的水位下降速率0.85 m/d,2~5 d的水位下降速率0.843 3 m/d,100 d的水位下降速率0.164 m/d,下降速率明显减小。

100 d开采井壁水位最大降深36.26 m(zk16拟建开采井),距其150 m处降深31.43 m,老水源地开采中心降深1.36 m,市区开采中心水位0.95 m。

2012年拟建水源地一带中深层地下水埋深约40 m,老水源地一带中深层地下水埋深约48 m,市区开采中心水位55 m;开采100 d后,最大开采井壁水位埋深76.26 m(zk16拟建开采井),距其150 m处埋深71.43 m,老水源地开采中心埋深49.36 m,市区开采中心水位55.95 m,均远小于中深层地下水顶板埋深(约110 m)。新水源地的开采不会影响市区开采井的正常使用。

综上所述,在拟建水源地以8.0万 m³/d的开采量的开采过程中,水位的下降状况是可以接受的,不会引起明显的环境地质问题。日开采8.0万 m³中深层地下水可行。

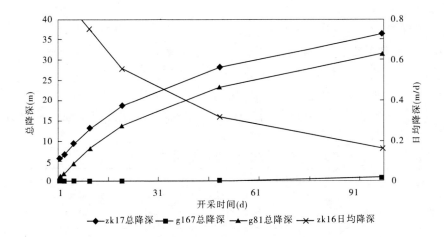

图 10-7　应急水源地开采 100 d 水位预报降深图

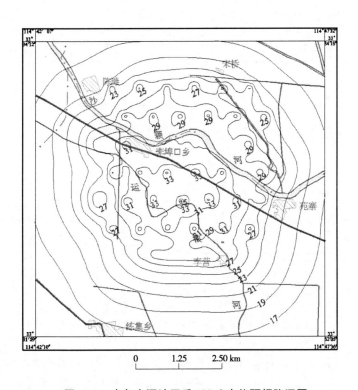

图 10-8　应急水源地开采 100 d 水位预报降深图

(二)方案二(应急 200 d)

应急水源地处于平原区,中深层含水层分布广泛,含水层岩性为中粗砂、泥质细砂,赋存孔隙水,视为无限含水层;含水层顶板埋深 200～220 m,隔水顶板为下更新统粉质黏土,分布稳定,平均厚度大于 40 m,浅层与中深层地下水水力联系微弱,这些也从两者的水位差值较大得到证明。因此,将其概化为无限均质承压含水层,不考虑两者的越流补给。

计算公式采用前述无限含水层承压水泰斯井流公式进行计算。

前已述及,开采井30眼,井深为350 m,单井日取水量2 000 m³,总开采量为6.0万m³/d。可解决当前突发状况下约79%的周口城区人口生活用水问题。

本应急水源地为城市供水,规划期200 d。

应用群井干扰泰斯井流公式分别计算有关观察点由于拟建水源地开采而引起的降深,见表10-2、图10-9、图10-10。

表 10-2　应急水源地开采 200 d 水位预报一览表

开采天数(d)	1	2	5	10	20	50	100	150	200
zk17 总降深(m)	5.77	6.59	8.88	12.07	16.58	24.01	30.28	34.08	36.81
g167 总降深(m)	0	0	0	0	0	0.1	0.73	1.66	2.66
g82 总降深(m)	1.15	1.9	4.14	7.34	11.87	19.32	25.59	29.4	32.13
zk17 日均降深（m/d）	5.77	0.82	0.7633	0.638	0.451	0.248	0.125	0.076	0.055

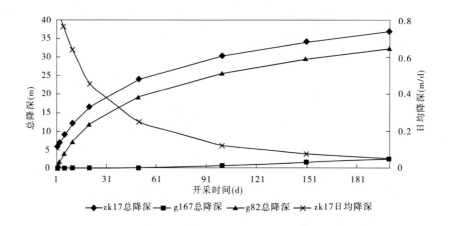

图 10-9　应急水源地开采 200 d 水位预报降深图

由水位预测结果可知,中深层地下水以6.0万 m³/d 的开采量开采,一天后水位下降速度迅速减小,1～2 d 的水位下降速率0.82 m/d,2～5 d 的水位下降速率0.763 3 m/d,200 d 的水位下降速率0.055 m/d,已基本趋于稳定。

200 d 开采井壁水位最大降深36.81 m(zk17 拟建开采井),距其150 m 处降深32.13 m,老水源地开采中心降深3.23 m,市区开采中心水位2.66 m。

2012 年拟建水源地一带中深层地下水埋深约40 m,老水源地一带中深层地下水埋深约48 m,市区开采中心水位55 m;则开采100 d 后,最大开采井壁水位埋深76.81 m(zk17 拟建开采井),距其150 m 处埋深72.13 m,老水源地开采中心埋深51.23 m,市区开采中心水位 57.66 m,均远小于中深层地下水顶板埋深(约 110 m)。新水源地的开采不会影响市区开采井的正常使用。

综上所述,在拟建水源地以 6.0 万 m³/d 的开采过程中,水位的下降状况是可以接受的,不会引起明显的环境地质问题,日开采 6.0 万 m³ 中深层地下水可行。

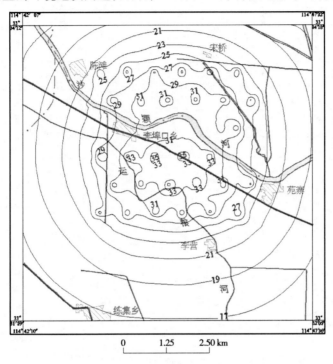

图 10-10　应急水源地开采 200 d 水位预报降深图

(三)方案三(应急 400 d)

应急水源地处于平原区,中深层含水层分布广泛,含水层岩性为中粗砂、泥质细砂,赋存孔隙水,视为无限含水层;含水层顶板埋深 200～220 m,隔水顶板为下更新统粉质黏土,分布稳定,平均厚度大于 40 m,浅层与中深层地下水水力联系微弱,这些也从两者的水位差值较大得到证明。因此,将其概化为无限均质承压含水层,不考虑两者的越流补给。计算公式采用前述无限含水层承压水泰斯井流公式进行计算。本应急水源地为城市供水,规划期 400 d。

前已述及,开采井 24 眼,井深为 350 m,单井日取水量 2 000 m³,总开采量为 4.80 万 m³/d。可解决当前突发状况下约 63% 的周口城区人口的生活用水问题。应用群井干扰泰斯井流公式分别计算有关观察点由于拟建水源地开采而引起的降深,见表 10-3、图 10-11、图 10-12。

表 10-3　应急水源地开采 400 d 水位预报一览表

开采天数(d)	1	2	5	10	20	50	100	150	200	250	300	350	400
zk17 总降深(m)	5.77	6.58	8.8	11.71	15.61	21.79	26.9	29.97	32.18	33.89	35.3	36.49	37.52
g167 总降深(m)	0	0	0	0	0	0.06	0.5	1.19	1.95	2.7	3.41	4.07	4.7
g82 总降深(m)	1.15	1.9	4.04	6.91	10.78	16.94	22.04	25.11	27.31	29.03	30.43	31.62	32.65
zk17 日均降深(m/d)	5.77	0.81	0.74	0.582	0.39	0.206	0.102	0.061	0.044	0.034	0.028	0.024	0.021

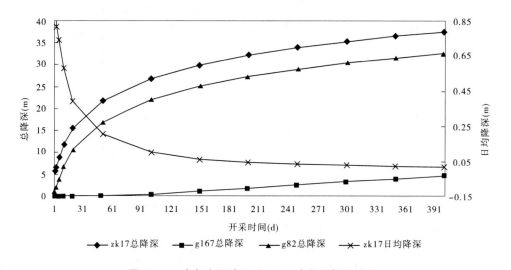

图 10-11　应急水源地开采 400 d 水位预报降深图

由水位预测结果可知,中深层地下水以 4.80 万 m³/d 的开采量开采,1 d 后水位下降速度迅速减小,1~2 d 的水位下降速率 0.70 m/d,2~5 d 的水位下降速率 0.663 m/d,400 d 的水位下降速率 0.046 m/d,已基本稳定。

400 d 开采井壁水位最大降深 30.09 m(zk17 拟建开采井),距其 150 m 处降深 27.25 m,老水源地开采中心降深 4.1 m,市区开采中心水位 1.7 m。

2012 年拟建水源地一带中深层地下水埋深约 40 m,老水源地一带中深层地下水埋深约 50 m,市区开采中心水位 55 m;则开采 400 d 后,最大开采井壁水位埋深 70.09 m(zk17拟建开采井),距其 150 m 处埋深 67.25 m,老水源地开采中心埋深 54.10 m,市区开采中心水位 56.70 m,均远小于中深层地下水顶板埋深(约 110 m)。新水源地的开采不会影响市区开采井的正常使用。

综上所述,在拟建水源地以 6.80 万 m³/d 的开采过程中,水位的下降状况是可以接受

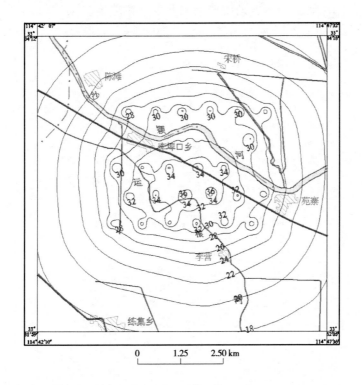

图 10-12　应急水源地开采 400 d 水位预报降深图

的,不会引起明显的环境地质问题,日开采 6.80 万 m³ 中深层地下水可行。

五、水源地保证程度分析

中深层地下水资源主要以夺取外围水为主,在开采过程中,由外围向开采中心汇流,形成水力坡度,利用达西公式求得在应急方案一开采量为 8.0 万 m³/d 的情况下,区外对水源地的径流补给量为 80 985.94 m³/d,而本次应急水源地设计的最大开采量 8.0 万 m³/d,通过计算得出径流补给量是能够满足设计开采量的。另外,在水源地开采过程中,中层和超深层地下水通过弱透水层对深层地下水也有少量的补给,因此该水源地的开采量在设计的开采时间内是有保障的。

第五节　地下水水质评价

对生活饮用水和一般工业用水进行评价。

根据水质化验结果,中深层地下水中主要化学指标:溶解性总固体 554.10 ~ 760.77 mg/L、总硬度 27.84 ~ 269.80 mg/L、硫酸盐 554.10 ~ 760.77 mg/L、氯化物 93.84 ~ 141.90 mg/L、铁 0.032 ~ 0.18 mg/L、锰 0.063 ~ 0.024 mg/L、硝酸盐和亚硝酸盐均未超标,氟化物由浅到深逐渐增加;周口市开发区陆庄社区门诊旁一 500 井样品测定氟化物含量为 1.31 mg/L,超生活饮用水标准;其余各项指标均不超生活饮用水标准,适宜饮用。

一般锅炉用水评价结果,水源地中深层地下水锅垢总量(H_0)为 23 ~ 67,属沉淀物很少的水;硬垢系数(K_n) < 0.25 属软垢水;起泡系数 F > 200,属起泡水;腐蚀系数 K_k < 0 和 K_c < 0,为非腐蚀性水。

第十一章 驻马店市诸市应急水源地论证

第一节 研究区水文地质条件

本次主要研究赋存于第四系松散层中的地下水。区域构造控制着本区的地形地貌条件,亦控制着第四纪的古地理环境及相应沉积物的空间展布规律。

在区内两组北西向压扭性断裂和一组北东向张扭性断裂作用下,西部山区缓慢上升,遭受剥蚀;东部平原下沉接受沉积。第四纪早期自西向东形成的古汝河冰水三角洲,沉积了较厚的泥质砂砾石、泥质混粒砂层,由于颗粒较粗,富水性较好。中更新世时期形成了以沙河为中心的北东—南西向沙河洪积扇,该洪积扇自研究区西北角穿过,驻马店市诸市水源地即位于该洪积扇中上部,颗粒粗大,分选较差,富水性较好。晚更新世时期大致以京广铁路为界,以西为冲洪积垄岗,以东为冲湖积平原。研究区西部位于冲洪积垄岗东北部边缘地带,堆积物颗粒较细,多形成弱透水层;东部位于冲湖积平原的西部边缘,沉积有分选较好的粉细砂层,是良好的赋水层位。全新世时期大面积以剥蚀为主,仅在沙河河道带内有较薄的粉细砂沉积,透水性好。

根据含水岩组的埋藏深度、水力性质及开采条件,大致以埋深60 m为界,以上划分为浅层含水岩组,浅层水具潜水性质,补给来源主要为大气降水,消耗于人工开采与蒸发;以下至300 m为中深层含水岩组,中深层水具有承压性质,其主要补给源为深层侧向径流,消耗于人工开采。浅层含水层组与下部承压水含水层之间有20~30 m的黏土相对隔水层,两者水力联系微弱,有一定的水头差。

一、浅层地下水赋存条件及富水性

研究区浅层地下水主要赋存于上、中更新统地层中,含水层岩性各地不一。

西北部诸市—诸堂—八里铺等沙河沿岸地区,为沙河故道主流带沉积物,含水层组基本上可分为两层:下部含水层为中更新统冲洪积砂卵砾石层,顶板埋深30~45 m,底板埋深50~60 m,厚15~20 m,中间较厚,向两侧逐渐变薄;上部含水层为上更新统冲积砂砾石层和砂层,顶板埋深16~20 m,底板埋深24~25 m,厚6~10 m,一般分布在河道带中间,宽3~4 km。

洪堂—关工店 袁楼等广大地区,浅层地下水赋存于中、上更新统地层的黏性土层的孔隙、裂隙之中,主要富水层位(孔隙、裂隙密集发育段)多发育在30~40 m以上。

富水程度各地不一,以井半径0.15 m、水位降深5 m计,可分为强富水区(单井涌水量大于3 000 m³/d)、富水区(单井涌水量1 000~3 000 m³/d)、中等富水区(单井涌水量500~1 000 m³/d)和弱富水区(单井涌水量小于500 m³/d),见图11-1。

强富水区分布在研究区西北部诸市—褚堂—八里杨一线西北沙河沿岸地区,为沙河故道主流带沉积物,含水层由砂砾石和砂卵砾石组成,颗粒粗,分选差,单井涌水量大于 3 000 m³/d,渗透系数为 26.9 m/d,水化学类型 HCO₃·Cl—Ca 型为主,局部为 Cl· HCO₃· NO₃—Ca 型;富水区分布于洪堂—关王庙—袁楼等广大地区,浅层地下水赋存于中、上更新统地层的黏性土层的孔隙、裂隙之中,导水系数大于 500 m²/d,最大达 2 272.33 m²/d,地下水位埋深 2 ~ 4 m,单井涌水量大于 1 000 ~ 3 000 m³/d,水化学类型以 HCO₃—Ca 型为主,溶解性总固体 0.3 ~ 0.5 g/L。中等富水区分布于王虎川—关王庙—周庄一线东南,浅层地下水赋存于中更新统黏性土层的孔隙、裂隙之中,地下水位埋深 0.7 ~ 5.9 m,单井涌水量 500 ~ 1 000 m³/d,水化学类型以 HCO₃—Ca·Mg 型为主,局部为 HCO₃· NO₃· Cl—Ca 型;弱富水区位于研究区西南角,河里王—大苗庄一线西南,面积较小,赋水介质为中更新统黏土裂隙,水位埋深 1.3 ~ 8.4 m,为 HCO₃—Ca·Mg 型水。

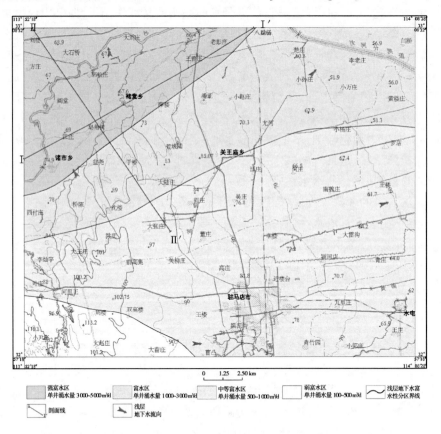

图 11-1　驻马店研究区浅层地下水富水性分区图

二、浅层地下水补给、径流、排泄

(一)浅层地下水的补给

评价区浅层地下水的主要补给来源为大气降水入渗,其次是地下水侧向径流补给和灌溉回渗补给。

大气降水入渗补给:一定量的大气降水渗入包气带,满足其持水量后,在重力作用下,垂向渗入补给地下水。本区包气带岩性为粉质黏土、粉土,地形平坦,坡降小,植被发育,田园化程度较高,地下水位埋藏浅等,使本区浅层地下水有足够的大气降水入渗补给量。

地下水侧向径流补给:本区地形西南高东北低,地下水由西、西南向东、东北方向径流,在西部、西南部汪刘庄—陈庄—塘坊庄一线水力梯度 2‰~3‰,地下水侧向径流补给区内。

灌溉回渗补给:沙河两岸,农业灌溉多用地表水;远离地表水地带,水利化程度较高,机井众多。农田每年灌溉 2~3 次,蔬菜每年灌溉 5~8 次,一般 80 m^3/(亩·次),使部分水量下渗补给浅层地下水。

(二)浅层地下水的径流

地下水流向总体自西南向东北,在研究区中部转为东、西北方向。枯水期水力梯度 1.3‰~2.5‰,丰水期水力梯度 1.3‰~2‰。在研究区东南部,2001 年 4 月之前浅层地下水开采量较大,打破了原有地下水流场,水流方向也随之改变,水力梯度 1.5‰~2.5‰。

(三)浅层地下水的排泄

区内浅层地下水的排泄方式主要有蒸发、人工开采及径流排泄。

蒸发排泄:浅层地下水通过毛细管道上升至包气带,进而到达地表,由液态转化为气态,逸入大气,蒸发不断进行。蒸发量的大小与气象因素、地下水位埋深、包气带岩性等有关。本区浅层地下水位埋深多在 4~6 m,中部、北部埋深 2~4 m,蒸发量不可忽视。

人工开采:目前,浅层地下水人工开采主要存在于郊区,用于蔬菜大棚、农田灌溉及农村居民生活用水。市区以开采中深层地下水为主。

径流排泄:在研究区北、东部,地下水以径流方式排出区外。

三、浅层地下水水位动态

浅层地下水水位动态,受区域自然条件和人为因素的控制与影响。城市建成区由于建筑物覆盖及地面硬化造成降水入渗补给量、蒸发量减少,其动态类型主要为径流型;建成区外围主要表现为降水入渗—蒸发型。从区域环境上看,动态类型还是受降水、蒸发的控制,季节性强,可调节性强。

四、浅层地下水化学特征

区内浅层地下水水质可分为四种类型,分布区域为:

(1)HCO_3—Ca 型水,主要分布于遂平县诸市—褚堂—八里杨一线。

(2)HCO_3—Ca·Mg 型水,包括 HCO_3—Ca·Mg、HCO_3—Ca·Na、HCO_3—Ca·Na·Mg 型等,分布于研究区中部的广大地区。

(3)HCO_3·Cl—Ca(HCO_3·Cl—Ca·Na)型水,分布于西北部诸市—曹庄—八里杨一线西北和南部肖竹园一带,其中南部为 HCO_3·Cl—Ca·Na 型水。

(4)HCO_3·NO_3·Cl—Ca(Cl·HCO_3·NO_3—Ca)型水,呈点状分布于北部王曾庄和中北部关王庙等地。

五、中深层水文地质条件

(一)中深层地下水赋存条件及富水性

该含水岩组分布于 70～80 m 以下至 300 m 深度内,与上覆浅层含水岩组之间有 20～30 m 的黏性土弱透水层相阻隔。呈多层结构,可分为三个含水层,第一含水层位于中更新统下部,埋深 70～96 m,厚度 8 m,岩性主要为泥质中细砂;第二含水层位于下更新统上部,埋深 96～130 m,厚度一般 12 m,岩性为泥质中粗砂、泥质含砾中粗砂;第三含水层位于下更新统中下部,埋深 145～200 m,厚度 10～20 m;三个含水层累计厚度 40 m。该含水岩组分布稳定,富水性中等—富水,单井涌水量 500～3 000 m³/d(见图 11-2),渗透系数 0.73～8.50 m/d,水头埋深 17～31 m,市区较大,郊区较小。

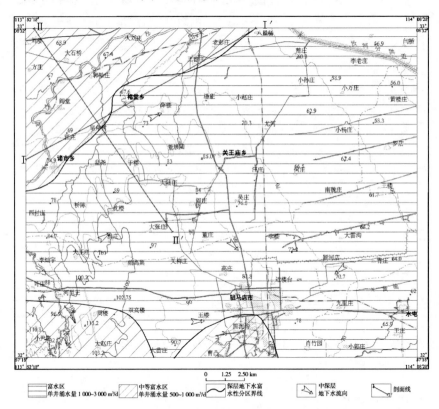

图 11-2　中深层地下水富水性分区图

(二)中深层地下水补给、径流、排泄

中深层地下水受地质构造及沉积环境的影响,地下水补给主要来源于西南部岩溶水、西部地下水径流。地下水流向在天然条件下自西、西南向东、东北流动,与固体物质来源方向大体一致。地下水径流缓慢,水力梯度 1‰～2‰,地下水以径流方式向下游排泄。2001 年 4 月之前开采条件下,地下水自西、南、东、北四面向漏斗中心流动,人工开采为主要排泄方式。

1. 补给

补给来源主要是侧向径流补给,其次是浅层水通过深浅混合井补给中深层地下水。

侧向径流补给:在天然条件下,地下水头梯度1‰~3‰,地下水自西、西南向东、东北缓慢径流。市区由于开采形成降落漏斗,水力梯度略有增大。

混合井井筒补给:由于市区中深层地下水顶部覆盖着50~70 m厚的粉质黏土层,浅层水对中深层地下水的越流补给作用很微弱。2001年4月以前市区第二层承压开采井数的55%为深浅混合井,浅层地下水位标高72~82 m,远远高于中深层地下水头(-10~-40 m),浅层地下水可通过混合井管下漏补给中深层地下水。但由于深浅混合开采井对地下水的高强度开采,通过井筒下漏补给中深层地下水的浅层地下水又被及时抽取,因而浅层地下水通过混合井井筒下漏对中深层地下水产生的有效补给十分微弱。

2. 径流

中深层地下水主要受含水层系统特征的影响,在天然状态下自西、西南向北东、东流动,径流缓慢。

3. 排泄

中深层地下水在天然状态下,缓慢地通过地下径流自西、西南向东、东北排泄。市区由于多年的人为开采,破坏了中深层地下水的天然状态,改变了地下水流向,形成开采漏斗,排泄主要为人工开采(生活饮用、工业开采),地下水自漏斗边界向中心汇集,目前已大大改观。

(三)中深层地下水水位动态

驻马店市城市评价区中深层地下水动态类型主要为开采型。由于上部覆盖着厚度很大的粉质黏土,起着隔水层的作用,大气降水不能直接补给,中深层地下水水头在天然条件下动态变化不如浅层水敏感,表现比较迟缓,动态类型单一。在人为因素影响下,动态具有多变的特点。水头降落漏斗的形成和发展,受开采量的控制。20世纪90年代初开采量已达700万 m^3/a以上,形成了以原工人俱乐部为中心的地下水水头降落漏斗,漏斗面积覆盖全市区,漏斗中心最大水头埋深98 m。90年代中期以后,随着自备井的逐渐关闭,中深层地下水水头有所回升。特别是2000年以后,由于自备井的大量关闭,水头迅速回升,回升幅度4~40 m。

(四)中深层地下水水化学类型及水质特征

中深层地下水埋藏较深,运移距离较远,主要来源于远离评价区的西部山区及山前地带,其水化学成分与母岩的化学成分及溶解性密切相关。

中深层地下水水化学类型比较简单。参与化学类型命名的阴离子全部为重碳酸根,阳离子以钙离子为主,另有钙—钠和钙—钠—镁两种组合,基本为淋滤型水。

本次工作所取4个中深层水样分析结果,全部符合饮用水标准,属适宜饮用的水。

第二节　水资源开发利用现状及其诱发的
环境地质问题

一、水资源开发利用状况

1995 年 4 月以前,驻马店市公共供水水源分为地表水和地下水两部分,地表水主要为板桥水库水,地下水是诸市水源地(1995 年 4 月关闭)。1995 年 4 月以后全部用的是板桥水库水。地下水开采以工业开采和农业开采为主,现状主要开采目的含水层为浅层含水层和第二层承压含水层,浅层含水层的开采量约占地下水总开采量的 66%。

2002 年城市综合供水能力 12.9 万 m^3/d,其中地下水 0.9 万 m^3/d,供水管道总长 138.5km,全年供水总量 3 022 万 m^3,其中生产用水 812 万 m^3,公共服务用水 389 万 m^3,居民生活用水 1270 万 m^3,消防及其他用水 551 万 m^3。用水人口 19.6 万人,人均生活用水量 177.5 L/d,用水普及率达 100%。

目前,驻马店市自来水公司有姜庄水厂和王楼水厂(1993 年建成投产),现公共供水能力 12 万 m^3/d,均为板桥水库的净化处理厂,中间通过河里王泵站输送。自备井绝大部分已关停,仅有以下单位部分自备井仍在生产使用:(市区东南部)的南天集团(6~8 口井),化肥厂(6~8 口井),甲醇厂(6~8 口井);(市区北部)的华中正大(4~6 眼井),均开采深层地下水,合计开采量约为 2 万 m^3/d。

二、水资源开发利用诱发的环境地质问题

驻马店市区水资源开发利用诱发的环境地质问题主要是中深层地下水开采漏斗的形成,水资源量的持续减少。大量开采地下水始于 1967 年,由于开采量大,中深层水位下降速度快,20 世纪 90 年代初期,水位埋深一度达到 96 m,随后限制开采,水位有所回升。2001 年又采取封井措施,仅在市区外围保留部分中深自备井,水位继续回升,到 2003 年,漏斗面积约 34.1 km^2,中心水位埋深已上升到 56.10 m。目前中心水位埋深 45 m 左右。

第三节　诸市应急地下水源地的优选确定

一、应急地下水源地的确定

根据研究区水文地质条件及地下水资源开发利用状况,结合驻马店市城市发展规划,对驻马店市应急地下水源地进行了优选确定。

现已关闭的原诸市水源地,位于沙河故河道带上,供水水文地条件好,现已有可用水井 16 眼,井深 56.30~61.5 m。依应急供水的紧迫性和短期性特点,从经济和快速的角度出发,如重新启用诸市水源地,则仅需布置少量新井,对老井进行洗井、修井等经济快速的处理后即可作为良好的应急水源。目前,驻马店城市供水水源为板桥水库,而板桥水库输水管线从诸市通过,如果在此处新建设水源地,可与板桥水库现有输水管线共用,有利

于节约建设成本;此外,根据《驻马店市城市总体规划(2006—2020年)》,未来驻马店中心城市的发展规划为向北与遂平县组团联合发展,因此根据研究区水文地质条件,综合以上因素,最终将驻马店市应急地下水源地确定在遂平县诸市一带、沙河沿岸。

诸市应急水源地位于研究区西北部沙河东南岸,遂平县诸市乡境内,距离驻马店市区约14 km。地理位置位于东经113°52′18″~113°55′45″,北纬33°02′10″~33°06′33″,南北长8.2 km,东西宽5.5 km,平面形状呈梯形,面积约35.48 km²,开采60 m以浅的浅层地下水(见图11-3)。

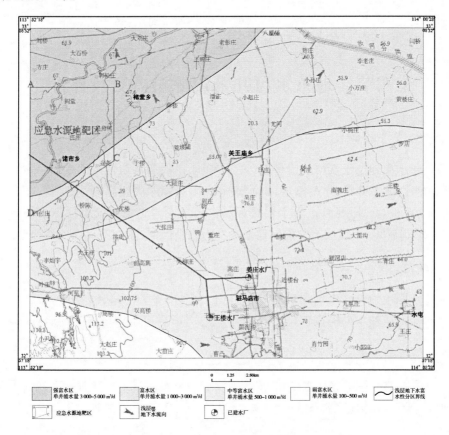

图11-3 诸市应急水源地位置示意图

诸市应急水源地属沙河影响带傍河型水源地,位于中、上更新世洪积扇、沙河故河道上,堆积了巨厚的粗粒相沉积物,为地下水的赋存提供了良好空间。浅层含水层为砂砾石、砂卵砾石层,厚度较大,为强富水区或富水区,水资源量丰富。

沙河在该河段常年以排泄地下水为主,开采条件下使河水补给地下水。经计算,沙河影响带浅层含水层组多年平均地下水天然资源补给模数为24.09万 m³/(km²·a),地下水位每下降1 m,1 km沙河长度可截取的河水补给量为46.43万 m³/(km·a),具有丰富的补给资源保障。

二、诸市应急水源地供水水文地质概况

水源地位于中、上更新世洪积扇,沙河故河道上,浅层含水层组顶板埋深 16～20 m,底板埋深 50～60 m,厚 20～30 m,古河道中间较厚,向两侧逐渐变薄。含水层组分布稳定,厚度大、颗粒粗,含有丰富的地下水,单井涌水量大于 2 400 m³/d。

天然状况下,水源地浅层地下水的补给来源主要有大气降水入渗补给和侧向径流;沙河在平水季节排泄地下水,只有在洪水季节有可能少量补给地下水;受地势影响,地下水流向由南向北,由于砂卵砾石层透水性强,地下水径流较强;水源地浅层地下水的排泄方式有人工开采、蒸发排泄、径流及河流排泄。

第四节　地下水可开采资源量概算及评价

一、边界条件的概化

诸市应急水源地位于沙河故道带上,埋深 60 m 以浅有两层砂砾石层,单层厚度 6～20 m,累计厚度 20～30 m,分布稳定,由河道中心向两侧厚度逐渐减小,分布宽度 10 km 左右,纵向上可视为无限延伸。含水层底板隔水层主要为中更新统下部黏土层,分布稳定,平均厚度 20～30 m,浅层与中深层地下水水力联系微弱,基本不存在越流补排关系。

二、参数选取

本应急水源地为原诸市水源地的重新启用,故选用参数均来自《河南省驻马店市诸市水源地水文地质初步勘探报告》及《河南省驻马店市诸市水源地水文地质补充勘探报告》。

据位于诸市乡北西北约 500 m 的诸市 4 号井(井深 56.3 m)及小寨北的驻水 1 孔(井深 61.5 m)所做的非稳定流抽水试验,水源地浅层地下水开采量计算所需参数确定如下:渗透系数 $K = 26.9$ m/d,导水系数 $T = 748$ m²/d,包气带粉质黏土重力给水度 $\mu = 0.035\,3$。

三、布井方案的确定

由于开采含水层主要接受大气降水补给,原诸市水源地已有 16 眼井采用面状梅花桩布置;同时为了尽可能地截取沙河的补给量,井沿沙河东南岸布置。根据水源地水文地质条件及驻马店市用水状况,本次新增 6 眼开采井,井行距和井间距与已建井相同,均为 1 000 m,井深 65 m,单井涌水量 2 000～3 000 m³/d,具体布井方案见图11-4。

四、开采方式与水位预报

针对不同的特殊情况,按连续供水时间分为 3 种开采方案,即 100 d、200 d、400 d。

方案一:连续供水 100 d,单井取水量 3 000 m³/d,总开采量为 6.6 万 m³/d,据本次实地调查统计,当前驻马店中心城区人口约 73 万人,按城市人口平均生活用水 100 L/d 计

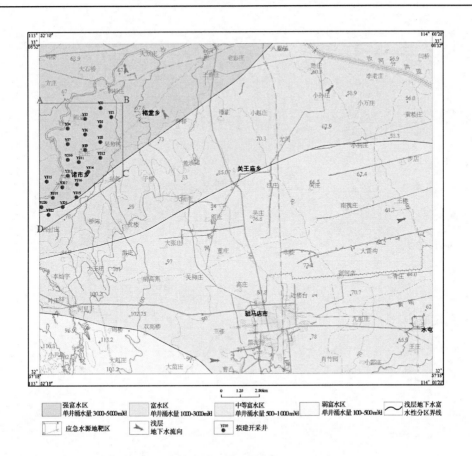

图 11-4 应急水源地开采井布置图

算,城区生活用水总量为 7.3 万 m³/d,因此新水源地应急可开采资源量能满足突发状况下约 90% 驻马店城区人口的生活用水需求。

应用潜水和承压完整井井群干扰非稳定流公式,计算有关观察点由于拟建水源地开采而引起的降深,见表 11-1。

表 11-1 应急水源地方案一水位预报一览表

开采时间(d)	1	2	5	10	20	50	100	200	300	400	500	600	700	850
YJ11 日均降深(m)	4.63	4.86	5.25	5.73	6.54	8.46	10.80	13.98	16.16	17.83	19.18	20.31	21.28	22.53
YJ11 日均降深(m/d)	4.63	0.23	0.13	0.1	0.08	0.06	0.047	0.028	0.02	0.016	0.013	0.011	0.009	0.008

通过降深预测可以看出,按上述方案进行连续开采 100 d,开采中心附近的 YJ11 观测井处的水位降深最大,达 10.80 m,该处枯水季节水位埋深约 7.50 m,届时的水位埋深为 18.30 m,见图 11-5。开采漏斗面积约 128.81 km²。

含水层底板埋深 50.8~64.6 m,底板至静水位高度(h)43.50~57.10 m,最大降深 10.80 m 远小于潜水厚度(h)的 1/3。

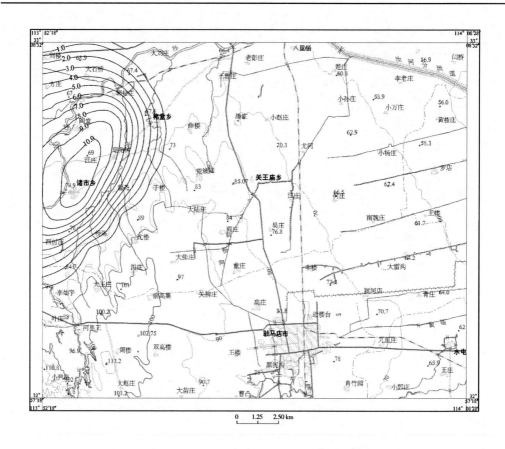

图 11-5　连续供水 100 d 降深等值线图

如以日均水位降幅小于 0.02 m 为稳定标准,需要连续抽水 300 d 以后才会趋于稳定。

方案二:连续供水 200 d,单井取水量 2 500 m³/d,总开采量为 5.5 万 m³/d,则新水源地能满足未来一段时期突发状况下约 75% 城区人口的生活用水。应用潜水和承压完整井井群干扰非稳定流公式,计算有关观察点由于拟建水源地开采而引起的降深,见表 11-2。

表 11-2　应急水源地方案二水位预报一览表

开采时间 (d)	1	2	5	10	20	50	100	200	300	400	500	600	700	850
YJ11 日均降深(m)	3.86	4.05	4.37	4.77	5.45	7.05	9.00	11.65	13.47	14.86	15.98	16.93	17.74	18.78
YJ11 日均降深(m/d)	3.86	0.19	0.107	0.08	0.07	0.05	0.04	0.024	0.017	0.013	0.011	0.009	0.008	0.007

由表 11-2 可以看出,按单井取水量 2 500 m³/d 的方案进行连续开采 200 d,开采中心附近的 YJ11 观测井处的水位降深最大,达 11.65 m,该处枯水季节水位埋深约 7.50 m,届时的水位埋深为 19.15 m。最大降深 11.65 m 小于潜水厚度(h)的 1/3,见图 11-6。开采漏斗面积约 157.08 km²,需要连续抽水 350 d 以后才会趋于稳定。

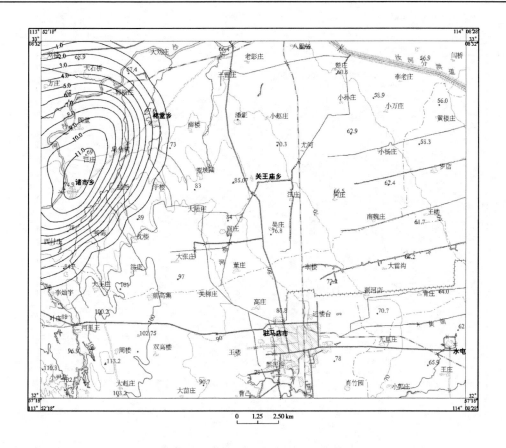

图 11-6　连续供水 200 d 降深等值线图

方案三:连续供水 400 d,单井取水量 2 000 m³/d,总开采量为 4.4 万 m³/d,则新水源地能满足未来一段时期突发状况下约 60% 城区人口的生活用水。应用潜水和承压完整井井群干扰非稳定流公式,计算有关观察点由于拟建水源地开采而引起的降深,见表 11-3。

表 11-3　应急水源地方案三水位预报一览表

开采时间 (d)	1	2	5	10	20	50	100	200	300	400	500	600	700	850
YJ11 降深 (m)	3.09	3.24	3.5	3.82	4.36	5.64	7.2	9.32	10.78	11.89	12.79	13.54	14.19	15.02
YJ11 日均降深(m/d)	3.09	0.150	0.087	0.064	0.054	0.043	0.031	0.019	0.014	0.011	0.009	0.007	0.006	0.005

由表 11-3 可知,按单井取水量 2 000 m³/d 的方案进行连续开采 400 d,开采中心 YJ11 井水位降深最大,达 11.89 m,该处枯水季节水位埋深约 7.50 m,届时的水位埋深为 19.39 m。最大降深 11.89 m 小于潜水厚度(h)的 1/3,见图 11-7。开采漏斗面积约 225.97 km²。如以日均水位降幅小于 0.02 m 为稳定标准,连续抽水 200 d 以后已经趋于稳定,补排关系达到新的动态平衡。

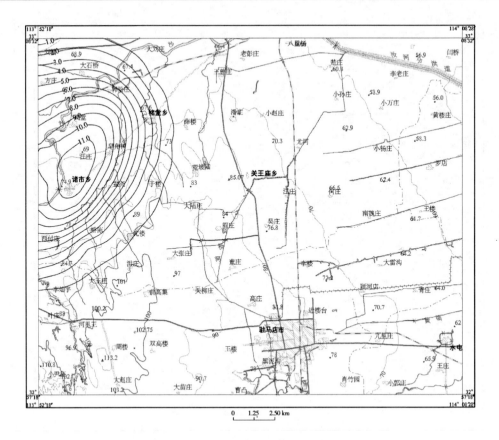

图 11-7　连续供水 400 d 降深等值线图

五、水资源保障程度分析

沙河水补给量:根据《驻马店市诸市水源地水文地质补充勘探报告》,水源地地段,沙河水补给水源地的补给量为 6 750 m³/d。

侧向径流补给量:由浅层地下水枯水期等水位线可知,水源地东南边界为补给边界,北、西为排泄边界。开采条件下,地下水由四周向开采中心汇集,排泄边界亦变化为补给边界。因上述已计算沙河及河床越流补给量,此处只计算天然补给量,忽略天然径流排泄量和开采袭夺径流量。根据达西公式,取渗透系数 $k = 26.90$ m/d,含水层厚度 $M = 27.80$ m,补给宽度 $B = 6\,500$ m,天然水力坡度 $I = 0.005$,计算侧向径流补给量 $Q_{侧} = 17\,782$ m³/d。

重力释水量:根据不同开采方案的降深和开采漏斗面积,分别计算重力释水量为:方案一,$Q_{弹} = 4\,910.75$ 万 m³;方案二,$Q_{弹} = 6\,459.84$ 万 m³;方案三,$Q_{弹} = 9\,484.35$ 万 m³。

水资源保障程度:根据三种开采方案的总开采量和总补给量,计算资源保障程度如表 11-4 所示。三种开采方案在开采期内的保障程度为 594.64% ~ 781.22%,说明各方案都是有保障的。

表 11-4　诸市应急水源地可采资源汇总表

方案	径流补给量（万 m³）	沙河补给量（万 m³）	重力释水量（万 m³）	补给量总和（万 m³）	设定取水量（万 m³）	资源保证率（％）
方案一	177.82	67.50	4 910.75	5 156.07	660.00	781.22
方案二	355.64	135.00	6 459.84	6 950.48	1 100.00	631.86
方案三	711.29	270.00	9 484.35	10 465.64	1 760.00	594.64

第五节　地下水水质评价

由生活饮用水评价结果可以看出,研究区地下水背景值中锰、铁含量较高,属于地区性现象。本次所取水样超标成分多为感官性状与一般化学指标(如总硬度、Fe、Mn 等),此类指标经简单处理后适宜饮用;此外,驻 5、驻 7 水样中检测出 NO_3^- 超标,其原因可能与井深较浅,受人畜粪便污染有关,也可能分析有误。需要特别指出的是,本次所取浅层地下水样品,井深在 16~28 m,属近地表浅层水,不能代表主含水层水质。

工业用水评价结果,水源地锅垢总量 H_0 为 101.12~843.03,反映该地浅层地下水成垢作用差别很大,属锅垢很少—很多的水;硬垢系数 K_n 为 0.24~0.79,属软—硬沉淀物的水;起泡系数 F 在 47.96~248.96,属不起泡—起泡的水;腐蚀性评价多数为腐蚀性水,非腐蚀性水和半腐蚀性水较少。

第十二章　开采技术条件及水源地建设适宜性评价

第一节　开采技术条件及方案建议

一、开采技术条件

在研究各工作小区地质、水文地质条件基础上,参考相关规范,根据解析法计算及评价结果,初步确定各水源地的井距、井深及单井出水量等参数。

(一)井距

井距的确定:遵循两井间干扰一般情况下应小于20%的原则,参考陕西省综合勘察院编的《凿井技术》一书给出的集中式开采井井距布置参考表,以及相邻水源地的适宜井距,最终确定各拟建水源地的具体井间距,实地可根据地理条件作适当调整。

(二)井深、井结构

根据收集到的钻孔资料及本次物探成果,查明各拟建水源地开采目的层的顶底板埋深及主要含水层岩性、深度等,在此基础上,建议适宜的开采井井深,一般情况下,开采井井深应大于目的层底板埋深,至少应在主要含水层埋深之下。

井结构的确定,考虑当地建井经验及水文地质条件等因素。在当前技术条件下,一般建议管径0.30 m,井径0.55~0.60 m,应急条件下可采用大口径井以增加涌水量,外填优质石英砂滤料。特殊地区可根据本地具体情况作适当调整。

(三)单井流量

根据各水源地富水性程度资料及本次抽水试验结果,考虑短期应急可适量超采的原则,建议开采井单井流量,一般应急开采情况下可比正常开采情况下的单井涌水量稍高。

二、水源地开采初步方案

依据上述的开采技术条件,确定各水源地开采方案,见表12-1。

第二节　水源地开采与生态环境保护

这里仅讨论由于拟建水源地的开发是否会引起或加剧地质环境问题的发生,并对一些可能会诱发的环境地质问题提出保护措施。

一、水源地开采与农业用水关系

研究区内农业用水开采的是浅层地下水,开采井深度一般50 m以浅,与使用中深层水的水源地一般无争水问题。故这里仅讨论以浅层含水层为目的层的新水源地与农业用水的关系。

表12-1　各应急(后备)水源地开采方案一览表

水源地名称	开采方案					
	开采周期	排距/井距(m)	井数(眼)	井深(m)	单井涌水量(万 m³/d)	可开采资源(万 m³/d)
郑州万滩后备水源地	30 年	1 000/500 – 1 000	54	120	0.29	15.66
开封马头后备水源地	30 年	450	49	80	0.25	12.25
商丘前沈楼后备水源地	30 年	800/800	30	60	0.16	4.80
许昌榆林—范湖应急水源	100 d	1 000/1 000	21	50 ~ 60	0.22 ~ 0.25	5.07
	200 d	1 000/1 000	21	50 ~ 60	0.17 ~ 0.22	4.32
	400 d	1 000/1 000	21	50 ~ 60	0.15 ~ 0.18	3.60
平顶山寺庄应急水源地	100 d	800	18	60	0.40	7.20
	200 d	800	18	60	0.30	5.40
	400 d	800	18	60	0.25	4.50
漯河拦河潘应急水源地	100 d	800/800	36	200	0.20	7.20
	200 d	800/800	28	200	0.20	5.60
	400 d	800/800	20	200	0.20	4.00
周口李埠口应急水源地	100 d	800/800	40	350	0.20	8.00
	200 d	800/800	30	350	0.20	6.00
	400 d	800/800	24	350	0.20	4.80
驻马店诸市应急水源地	100 d	1 000/1 000	22	60 ~ 300	0.50	11.00
	200 d	1 000/1 000	22	60 ~ 300	0.40	8.80
	400 d	1 000/1 000	22	60 ~ 300	0.30	6.60

新水源地的开采,将导致局部水位下降,根据解析法计算结果,水源地运行后,将产生降落漏斗,其中心水位降深见表12-2。从表中可以看出,开采后水位埋深较大的为商丘市前沈楼后备水源地与驻马店市诸市应急水源地,漏斗中心水位埋深分别为22.31 m、23.39 m,这样的水位埋深对降落漏斗范围内的压水井和对口抽水井(井深一般10~25 m)将产生不良影响,对深35~50 m的农用井影响不大。降落漏斗之外,水位很快抬升,对压水井及对口抽水井的影响将逐步消除。除此之外,对农业用水影响不大。

表12-2　(浅层水)水源地漏斗中心水位埋深一览表

水源地名称	漏斗中心最大水位降深(m)	天然状态下枯水期水位埋深(m)	水源地运行后水位埋深(m)
万滩后备水源地	10.45	2~5	6~14
马头后备水源地	11.34	2~4	8~15
前沈楼后备水源地	18.31	2~4	22.31
榆林—范湖应急水源地	11.40	2~6	9~16
寺庄应急水源地	10.57	2~5	7~15
诸市应急水源地	11.89	11.50	23.39

二、水源地开采与老水源地的关系

本次所优选的5个新应急水源地均位于郊区,距离市区已有集中供水地下水源地有一定距离,一般大于5 km;而且新水源地开采类型为应急型,规划开采周期较短,由水位预报结果可知其降落漏斗面积很小,扩展范围很小;因新应急水源地开采所引起的水位降深扩展至老水源地井区时已趋于0或在0~2 m,对老水源地影响甚微。

三、水源地开采诱发地面沉降可能性分析

地面沉降的产生机理是由于水源地抽汲地下水引起水位下降,在水源地降落漏斗范围内,引起土层中有效应力状态发生改变,导致土体积变形(压缩),从而造成地面下沉。拟建应急(后备)水源地的开采层含水介质主要为第四纪以来的各类砂层,砂性土压缩量很小。因水源地的开采所引起的局部浅层水水位下降一般不大于20 m,中深层承压水水头下降一般不超过50 m,这样的水位降深所引起的地层压缩及地面沉降量微小,基本不会造成地面不均匀沉降和危及建筑物的安全。

四、水源地开采对地下水水质的影响

对于以中深层为目的层的新水源地来说,从本次所取水样的化验结果可知,水源地及其周边中深层地下水水质较好,除个别水样一般性化学指标(溶解性总固体或总硬度)超

标外,其余指标均符合生活饮用水标准;在这些地区,浅层与中深层水之间均有稳定的隔水层分布,两者之间水力联系较弱,且本次水源地开采方案设计,均进行了上层止水,故浅层地下水一般不会污染中深层地下水。因此,开采状况下中深层地下水水质一般不会发生恶化。

　　本次工作中以浅层含水层为目的层的新水源地多紧邻地表水(如黄河、沙河等)或位于其两侧,开采条件下其补给量多来自地表水,周边地下水对其补给量甚微,故水源地开采条件下的水质取决于地表水水质。据相关资料,在本次优选的水源地靶区河段,地表水水质都较好,经简单处理后可做生活饮用水使用。因此,开采状况下浅层地下水水质一般不会发生恶化。

第三节　水源地建设适宜性评价

　　水源地的建设,是关系到各地国计民生的问题。因此,水源地建设是否适宜也是水源地评价的一项重要内容。评价水源地建设适宜性的体系指标较多,就河南省淮河流域平原地区建设地下水源地来说,可从水源地的资源属性、可开采属性、场地建设属性及环境保护属性四个方面进行评述。评价体系框架图见 12-1。

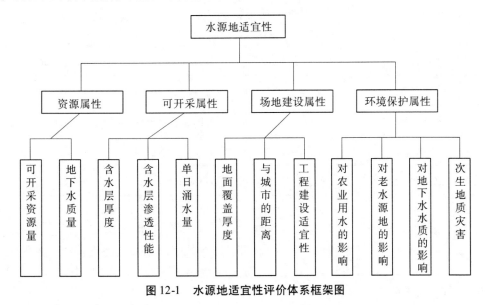

图 12-1　水源地适宜性评价体系框架图

一、资源属性

　　地下水供水水源地的资源属性,包括水量和水质两个主要因素。这两个因素是保证水源地建设是否可行的关键因素,没有水量的保证,水源地建设无从说起,不满足要求的水质,将会加大建设成本。根据水源地的实际特点,从实用及可操作的角度选用二者为评价指标。对于应急水源地,由于涉及 3 种开采条件下的可开采资源量,评价时选用最短开采周期下的可开采资源量来总体反映水源地水量。对于水质,由于包含的成分较多,评价时引用地下水生活饮用水评价结果,以是否有毒理性项目超标及超标项目数量的多少来总体评价地下水水质。

二、开采属性

开采属性指标选用含水层的厚度、渗透性及单位涌水量,三者主要从地下水开采的难易程度入手,对水源地进行评价,其直接关系着地下水的开采方式、开采集中程度等,决定水源地建设的投资规模。

三、场地建设属性

场地建设属性是指建设水源地的取水构筑物及配套工程设施的条件,它对于水源地的投资、运行、管理起着重要作用。主要选用地面覆盖层厚度、与供水目的地的距离以及工程建设的适宜性作为评价指标。

四、环境保护属性

环境保护属性主要是指水源地运行后对周围环境的影响程度。根据水源地的特点,分别选用对农业用水的影响、对老水源地的影响、对水质的影响及是否导致次生地质灾害等环境地质问题作为评价指标。根据上述评价思路综合评价结果见表12-3。

表 12-3　各水源地建设适宜性综合评价结果表

水源地名称	综合评价结果	水源地名称	综合评价结果
万滩后备水源地	适宜	寺庄应急水源地	较适宜
马头后备水源地	适宜	拦河潘应急水源地	适宜
前沈楼后备水源地	较适宜	李埠口应急水源地	适宜
榆林—范湖应急水源地	较适宜	诸市应急水源地	较适宜

从综合评价结果来看,李庄应急水源地、榆林—范湖应急水源地、寺庄应急水源地、诸市应急水源地及火龙后备水源地为较适宜建设外,其他水源地均适宜建设地下水源地。

评价因子及其评价结果见表12-4,其方法是依据选用适宜、较适宜、不适宜三个评价等级进行评价,不同的指标体系对应不同的评价等级。

表12-4　各水源地建设适宜性评价一览表

水源地名称	资源属性			可开采属性				建设属性				环境保护属性				
	可开采量(万m³/d)	地下水质量(超标项数)	评价结果	含水层厚度(m)	渗透系数 k(m/d)	单日涌水量(m³/d)	评价结果	地面覆盖类型	评价结果	与城市的距离 距离(km)	与城市的距离 评价结果	工程建设适宜性	对农业用水的影响	对地下水质的影响	对老水源地的水源的影响	是否产生次生地质灾害
万滩后备水源地	15.66	有,2	较适宜	50~70	27.2	2 900	适宜	粉土,粉砂	适宜	10	适宜	适宜	无	无	无	否
马头后备水源地	12.25	有,1	适宜	30~50	23.5	2500	适宜	粉土,粉砂	适宜	9	适宜	适宜	无	无	无	否
前沈楼后备水源地	4.80	有,1~2	较适宜	20	12~24	1600	适宜	粉土,粉质黏土	适宜	8	适宜	适宜	轻微	无	轻微	否
榆林—范湖应急水源地	5.07	有,1	较适宜	12~24	14~24	1 500~2 500	适宜	粉土,粉质黏土	适宜	20	较适宜	适宜	轻微	轻微	轻微	否
寺庄应急水源地	7.20	有,1~2	较适宜	40~50	29~45	1 000~3 000	适宜	粉土,粉质黏土	适宜	10	适宜	适宜	轻微	无	轻微	否
拦河潘应急水源地	7.20	无	适宜	50~70	10~14	2 000~4 000	适宜	粉质黏土	适宜	10	适宜	适宜	无	无	无	否
李埠口应急水源地	8.00	无	适宜	30~70	15	1 500~2 000	适宜	粉质黏土	适宜	7	适宜	适宜	无	无	无	否
诸南应急水源地	6.60	有,1~2	较适宜	27.8	26.9	3 000~5 000	适宜	粉土	适宜	15	较适宜	适宜	轻微	无	轻微	否

第十三章　结　论

本书在研究区水文地质条件及开采情况的基础上,结合城市发展规划,为各城市优选了1处应急(后备)地下水源地,并对水源地可开采资源量进行了概算,对水质进行了评价。

一、郑州市万滩后备水源地

万滩后备水源地位于郑州研究区东北部,处于黄河南岸强影响带范围内,为傍河型水源地,面积 122.40 km²。水源地目的含水层由全新统,上、中更新统上部的细砂、中砂、中粗砂组成,底板埋深 120 m 左右;含水层厚度一般 50~70 m,单井涌水量一般 3 000~5 000 m³/d;区内地下水开采量很小,无集中供水水源地分布,水位埋深浅(一般 2~4 m),地下水主要接受北部黄河侧渗补给及大气降水入渗补给,地下水流向与地形坡度一致,由西北黄河沿岸流向东南部黄泛平原,排泄于蒸发及开采。水源地浅层地下水水质总体良好,局部铁、锰离子超生活饮用水卫生标准,经处理后适宜饮用。本次水源地内设计了开采井 54 眼,采用沿河岸双排布井,井排距 1 000 m,井间距 500~1 000 m,井深 120 m,单井涌水量 2 900 m³/d,开采浅层地下水 15.66 万 m³/d。

二、开封市马头后备水源地

马头后备水源地位于开封研究区西北部,处于黄河南岸黄河强影响带范围内,为傍河型水源地,面积 88.52 km²。水源地目的含水层由全新统、上更新统上段的中砂、中细砂组成;含水层厚度东西方向上 30~40 m,南北方向上 25~45 m;富水性强或较强,西南部单井涌水量 >3 000 m³/d,北部 1 000~3 000 m³/d;区内地下水开采量较小,无集中供水水源地分布,水位埋深浅(一般 2~6 m),地下水主要接受大气降水入渗补给及北部黄河侧渗补给,地下水流向与地形坡度一致,由西北黄河沿岸流向东南部黄泛平原,排泄于蒸发及开采。水源地浅层地下水水质总体良好,局部铁、锰离子超生活饮用水卫生标准,经处理后适宜饮用。本次水源地内设计了开采井 49 眼,采用沿河岸单排布井,开采井与黄河边线的距离定为 300 m,井间距 450 m,井深 80 m,单井涌水量 2 500 m³/d,开采浅层地下水 12.25 万 m³/d。

三、商丘市前沈楼后备水源地

商丘市前沈楼后备水源地位于商丘市西北部谢集、前沈楼、李庄一带,面积 50 km²。水源地目的含水层岩性为细砂、中细砂,局部粗砂、含砾砂层,厚度 10~20 m,局部 20 m 以上,结构松散,透水性及富水性较强,单井涌水量 1 000~3 000 m³/d。区内地下水开采量较小,无集中供水水源地分布,水位埋深较浅(一般 3~5 m),地下水主要接受大气降水入渗补给,由西北向东南方向径流,排泄于蒸发及开采。水源地浅层地下水水质较好,有总硬度、溶解性总固体、锰、氟化物4项因子超生活饮用水卫生标准,其中氟化物超标属原生地球化学异常,总硬度、溶解性总固体、锰等因子为感官性能及一般化学指标,经处理后适宜饮用。本次在水源地内布设开采井30眼,开采井呈东西向分3排布设,梅花状交错分布,井距800 m,井深60 m,单井日取水量1 600 m³,开采浅层地下水4.8万m³/d。

四、许昌市榆林—范湖应急水源地

榆林—范湖应急水源地位于许昌市以南约14 km的榆林—范湖一带,面积44.12 km²。水源地位于汝河故道上,有2个主要含水层,总厚度8.0~24.28 m,西薄东厚,岩性由细砂、中粗砂、粗砂砾石或泥质砂砾石组成,底板埋藏深度小于50 m,其富水性较强,为富水区,单井涌水量2 000~3 000 m³/d。目前水源地范围内浅层地下水开采量很小,开采方式主要为农业用水季节性开采,无集中供水水源地分布。地下水埋深一般较浅,除沿颍河两侧为4~8 m外,其他地区多为2~4 m,局部小于2 m,地下水总体由西北往东南方向径流,排泄于蒸发及人工开采。地下水水质评价可知,水源地浅层水总硬度、溶解性总固体、锰、硝酸根4项因子含量偏高,经适当处理可作为生活饮用水。根据水源地水文地质条件及城市用水需求,设计了应急开采100 d、200 d及400 d三种开采方案,三种方案下的开采量依次为5.07万m³/d、4.32万m³/d、3.60万m³/d。

五、平顶山市寺庄应急水源地

寺庄水源地位于平顶山市南部,沙河南岸,面积70 km²。水源地属于沙河古河道沉降区,含水层底板埋深60~80 m,厚度约40~50 m,由全新统、上更新统、中更新统和下更新统上部的卵砾石、砂砾石、中粗砂、细砂构成。砂层颗粒粗大,分选和磨圆度较好,泥质含量较低,其导水和透水能力强,富水性程度高,单井出水量1 000~3 000 m³/d。水源地位于平顶山市郊区,地下水开采量较小,开采方式主要为农业用水季节性开采,无集中供水水源地分布。地下水补给以大气降水及灌溉回渗补给为主,自西向东径流,排泄于蒸发及人工开采。水源地地下水水化学类型为HCO₃—Ca型,水质较好,仅个别地方铁和锰超生活饮用水标准,经处理后可达到生活饮用水标准。根据水文地质条件及用水需求,初步确定布井18眼,井深80 m,井间距800 m;3种开采方案:第一种方案应急开采100 d,开采量为7.2万m³/d;第二种方案应急开采200 d,开采量为5.4万m³/d;第三种方案应急开采400 d,开采量为4.5万m³/d。

六、漯河市拦河潘应急水源地

漯河市拦河潘应急水源地位于研究区北部孟庙乡拦河潘一带,南邻沙北水源地,面积22.75 km²。水源地中深层含水层由中细砂、中砂、粗中砂、含砾中粗砂及粉砂组成,厚度一般40 m以上,导水系数多为500~750 m²/d,具有含水层厚度大、调节储量大、补给源丰富等特点,单井出水量>4 000 m³/d,富水性极强。水源地内中深层地下开采量很小,主要为农村安全饮水工程井,地下水补径排基本处于天然状态,由西北流向东南方向;水化学类型为HCO₃—Na·Mg·Ca型,矿化度0.47~0.70 g/L,中深层地下水超生活饮用水标准的因子为铁、锰离子,为一般化学因子,对水质影响较小,经适当处理后适宜饮用。根据水文地质条件及用水需求,设计了应急开采 100 d、200 d 及 400 d 三种开采方案,三种方案下的开采量依次为 7.20 万 m^3/d、5.60 万 m^3/d、4.00 万 m^3/d。

七、周口市李埠口应急水源地

周口市李埠口应急水源地位于周口市东南练集至李埠口一带,面积 70.86 km^2。属沙颍河冲积平原,沉积了巨厚的松散堆积物。浅层水易受到污染,水质较差,以Ⅳ类和Ⅴ类居多,超生活饮用水标准的指标较多,因此水源地的开采层位不再考虑浅层地下水;目的层中深层水以Ⅱ类和Ⅲ类水为主,所有指标均不超生活饮用水标准,水质较好,适宜饮用,可以满足水源地供水的要求。中深层含水层岩性为中细砂、粉细砂,砂层厚度分布稳定,厚度大(30～70 m),结构松散,导水性较好,接受西部山区裂隙水的水平补给,水量丰富,单井出水量 1 500～2 000 m^3/d,为富水区。水源地内中深层地下开采量很小,主要为农村集中供水井开采,地下水可开采潜力大。根据水文地质条件及用水需求,设计了应急开采 100 d、200 d 及 400 d 三种开采方案,三种方案下的开采量依次为 8.00 万 m^3/d、6.0 万 m^3/d、4.8 万 m^3/d。

八、驻马店市诸市应急水源地

驻马店市诸市应急水源地,位于研究区西北部诸市乡沙河东南侧,面积约 35.48 km^2,开采 0～60 m 以浅的浅层地下水。水源地位于沙河故道主流带上,浅层含水层组基本上可分为两层:下部含水层为中更新统冲洪积砂卵砾石层,顶板埋深 30～45 m,底板埋深 50～60m,厚 15～20 m;上部含水层为上更系统冲积砂砾石层和砂层,顶板埋深 16～20 m,底板埋深 24～25 m,厚 6～10 m。两层含水层组都表现为河道带中间厚,向两侧渐薄。浅层含水层组分布稳定,厚度大、颗粒粗,含有丰富的地下水,单井涌水量大于 2 400 m^3/d、渗透系数为 26.9 m/d。地下水补给以降雨入渗为主,排泄于蒸发及径流。该地具有良好的建立水源地的水文地质条件。在原诸市水源地原有 16 眼水井的基础上,按井排距 1 000 m、间距 1 000 m 新增 6 眼机井,井深 65 m,设计单井最大涌水量 2 000～3 000 m^3/d。设计了应急开采 100 d、200 d 及 400 d 三种开采方案,三种方案下的开采量依次为 6.6 万 m^3/d、5.50 万 m^3/d,4.40 万 m^3/d。

总的来说,水源地范围内无集中供水水源地分布,地下水主要开采方式为农业用水;水源地重新启用后,会与农业用水发生争水问题,但在干旱、供水水源污染等特殊情况下,应优先考虑城市居民供水。

参考文献及资料

[1] 河南省地矿局第五地质勘查院.河南省淮河流域主要城市应急(后备)地下水水源地论证[R].2013.

[2] 河南省地质厅(局).1:20万郑州幅、开封幅、商丘幅、许昌幅、平顶山幅、漯河幅、汝南幅、泌阳幅、固始幅、信阳幅区域水文地质普查报告[R].1979—1993.

[3] 河南省地质矿产局水文地质一队.河南平原第四纪地质研究报告[R].1986.

[4] 河南省地质调查院.多泥沙河流影响带地下水资源评价及可持续开发利用综合研究报告[R].2002.

[5] 河南省地质环境监测院.河南省地下水环境调查与评价[R].2006.

[6] 河南省地质调查院.淮河流域(河南段)环境地质调查报告[R].2007.

[7] 河南省地质调查院.河南平原地区地下水污染调查评价(淮河流域)报告[R].2012.

[8] 河南省地质调查院.河南省沿黄城市后备地下水水源地普查[R].2011.

[9] 河南省地质局第十八地质队.开封地区东部农田供水水文地质勘察报告[R].1978.

[10] 河南水文一队.商丘地区农田供水水文地质勘察报告[R].1973.

[11] 河南省地质局水文地质一队.河南省周口地区农田供水水文地质勘察报告[R].1981.

[12] 河南省地矿局水文三队.许昌地区北部农田供水水文地质勘查报告[R].1983.

[13] 河南省地矿局水文三队.河南省漯河市农业区划水文地质勘察报告[R].1981.

[14] 地矿局环境水文总站.河南省郑州市区域水文地质调查报告[R].1989.

[15] 河南省地矿厅环境水文地质总站.商丘市区域水文地质调查报告[R].2000.

[16] 河南省地矿局第三水文地质工程地质队.平顶山市水文地质普查及后备水源地详查报告[R].1986.

[17] 河南省地矿厅、水利厅.郑州市、开封市、商丘市、平顶山市、漯河市、驻马店市城市地下水超采区评价成果报告[R].2001—2005.

[18] 河南省地矿厅第二水文地质工程地质队.郑州市黄河九五滩地供水水文地质勘探及傍河取水试验报告[R].1990.

[19] 河南省地质局水文地质管理处.郑州市区水源地地下水资源评价报告[R].1981.

[20] 河南省地矿厅第二水文地质工程地质队.郑州市北郊水源地勘探报告[R].1995.

[21] 河南省地矿局第二水文地质工程队.开封东北郊袁坊—刘店滩区供水水文地质普查报告[R].1998.

[22] 河南省地矿局水文地质一队.商丘市西南郊城市供水水源地水文地质初步勘查报告[R].1981.

[23] 河南省地质局水文地质三队.河南省周口市供水水文地质初步勘察报告[R].1981.

[24] 河南省地矿局第三水文地质工程地质队.平顶山市沙北水源地详查及市区水资源评价报告[R].1989.

[25] 河南省地质矿产厅.许昌南部水源地初步勘察报告[R].1981.

[26] 河南省工程水文地质勘察公司.许昌市南部城市麦岭水源地水文地质勘查报告[R].1982.

[27] 河南省地矿局水文地质三队.漯河市供水水源地水文地质初步勘察报告[R].1981.

[28] 河南省地质局地质十六队. 河南省驻马店镇诸市水源地水文地质初步勘察报告[R]. 1980.

[29] 河南省地矿局第三水文地质工程地质队. 河南省驻马店市地下水资源评价研究报告[R]. 1993.

[30] 徐馨,朱明伦,卢积堂,等. 中原东部第四纪环境及其影响的研究[M]. 贵阳:贵州科技出版社. 1994.

[31] 李砚阁,等. 地下水库建设研究[M]. 北京:中国环境科学出版社,2007.